U0542415

早起的力量

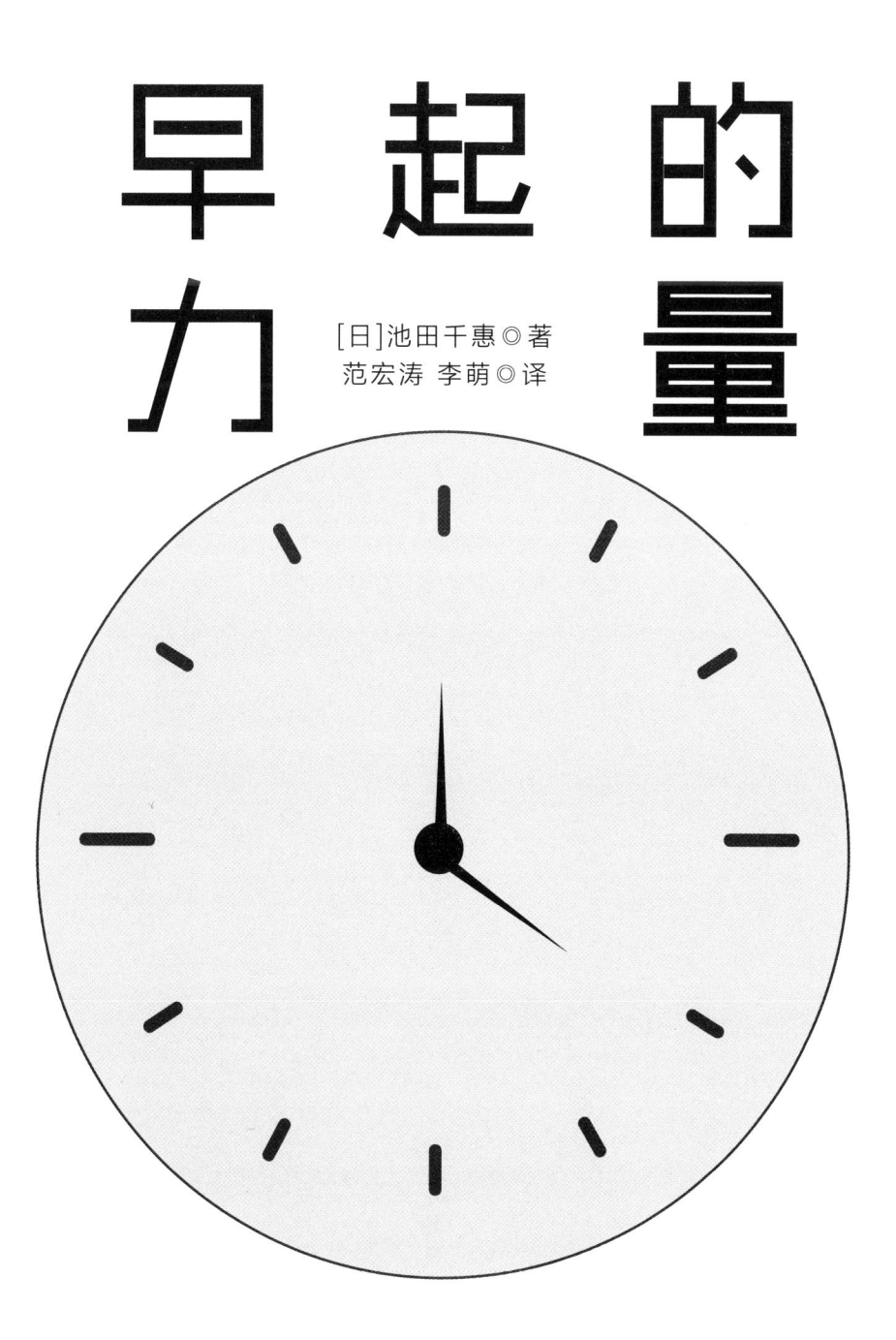

[日]池田千惠◎著
范宏涛 李萌◎译

北京联合出版公司
Beijing United Publishing Co.,Ltd.

只 为 优 质 阅 读

好
读
Goodreads

‖ 前言

早起，让你的人生化被动为主动

到公司后，刚看完烦琐的邮件，不想，上司又来布置任务。周一早上，总是要应付各种工作指示和顾客诉求。好不容易做出点眉目，发现时间已然到了下午1点，肚子已经饿得咕咕叫了。

本来计划出去吃个饭换个心情，却想起那些堆积如山的工作，只好作罢。没办法，只能去公司一楼的便利店买点生菜沙拉一边充饥一边干活。

好不容易干完工作，一看时间已经到了晚上8点。本来下午6点有个酒会，也不得不爽约。此外，因为节奏紧张，所以很容易发生一连串的低级错误。

自己拼命工作，为何总会如此结果？

我们嘴里常说"忙"，但时至今日自己对公司真正贡献了什么？

总而言之，就是时间不够！

每天，都是被工作和杂事所累，脱不开身。

每天想做的事和应该做的事一大堆，但纷扰甚多，免不了的这个没做那个没做。一天结束，到了睡觉时才想起来："咦？今天，我到底做了什么？"原来，一天之内什么正事也没做。

看看周围那些活力满满的人，就发现"我今天什么都没做"，于是发誓"明天一定好好干活"。然而到了第二天，这些誓言抛之脑后，又回到了原点。

虽然知道这样下去不行，但是应该从哪里梳理，自己却完全不得要领。就这样时光流逝，循环往复。

实际上，我以前也是如此。但是自从坚持凌晨4点起床后，我的人生发生了剧变。曾经的我觉得"这个必须做，那个也必须做,但是太忙没时间完成,不知道该怎么办"。后来得益于4点起床,也很少再说"好忙","这个事那个事"也都在无形之中落于实处。

每天晚上11点休息,第二天凌晨4点起床,使我受益匪浅,以下很多事情也得以顺利实现。比如:

※我在福岛县一所农村公立高中上学的时候,被老师说"智商太低",我两次高考都名落孙山。后来我坚持早起,不到半年时间,就考上了当时(1995年)高考难度系数最大的庆应大学综合政策学部。

※大学刚毕业,我就到"和民"工作,那时什么都不会,完全就是一个职场小白。但是,通过早起,做事前准备,不仅工作能力大大提升,而且还顺利跳到了世界著名的大型外企咨询公司。

※我刚到外企咨询公司的时候,时薪1000日元(约合55元人民币),而且是临时聘用。后来,我不仅成为正式员工,而且还逐渐晋级,荣升骨干。在这期间,我一边上班,一边担任咨询讲师来指导PPT制作,年收入也翻了一番。

※我在外企咨询公司上班之余,还不断发挥自己的兴趣

（取得了厨艺资格证：包括品酒、奶酪、面包，等等），并利用周末时间开办料理店，甚至借鉴啤酒公司、广播公司网页上的素材，举办了50次左右的讲座。

※从公司辞职后，我尝试过很多新工作，现在我作为"图解咨询专家"，已经实现工作自由、财富自由。

自从4点起床，我再也没有了紧迫感，再也不怕打扰，有了充分的思考时间。

也正是因为有了时间思考，我才能够步步为营，懂得哪些应该做，哪些应该舍，从而安排好工作的优先顺序。

这样一来，我的工作连出成果，事情也能按时完成。加班减少，自由时间增多，发展兴趣的时间、和家人朋友一起吃饭的时间也随之增多，私人空间不断充实。因为早起，晚上睡觉香，生活也非常有规律。

在这一过程中，我完全可以兼顾工作和兴趣。这就是早上4点起床的最大威力。

现在看来，我已经摆脱了闷闷不乐的状态，按照自己的设计来实现收获，人生开始由被动化为主动。

如今，虽然还有很多不如意的地方，但在别人还没有注意

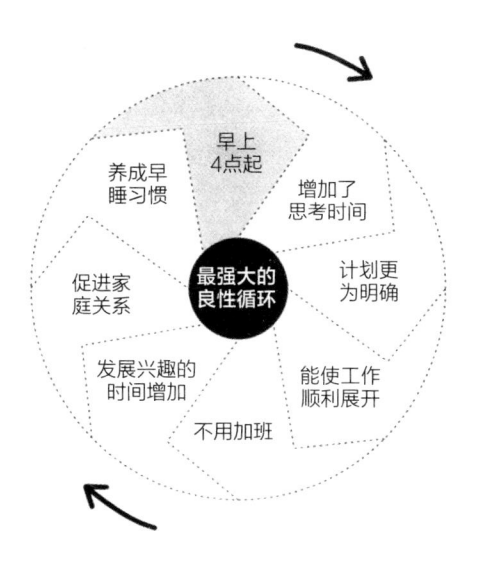

早上4点起,形成最强大的良性循环

到的时候我就付诸努力,就一定能够看到更好的自己。早起的事我并没有告诉同事和家人,只是想悄悄提升自己的价值。也就是说,早起是一种刺激我"悄悄学习"的助推器。

早起让我的人生发生了剧变,但刚开始实施却十分痛苦。不过,这种痛苦后来逐渐演变成快乐。这是因为,我因早起而获得的东西难以估计。我想,只要稍微忍耐眼前的痛苦,就能获得期望的东西。这样的喜悦,此前从未体验过。

听到早上4点起，很多人可能会大吃一惊。特别是冬天，外面还一片黑暗。因此不免吐槽"这不是早起，这是半夜起"。有人说这要依靠顽强的意志，有人说这就是禁欲。

确切地说，早上4点起虽然不容易，但是与起床的难度相比，你所获得的东西无可比拟。也就是说，促使我起床的因素并非禁欲，反而是自己的欲望。

世间充斥着欲望。

比如，想买一件新衣服，想要一个名牌包包，想吃美味的料理，想成为一个工作高效拿着高薪的人，想瘦一点，想有一个幸福的婚姻……

人生的欲望有的为了快乐，有的为了成长。只要开始，就没完没了。人人希望自己的所有愿望都能实现，觉得那样才是幸福的最高顶点。

与此同时，也有很多人觉得"那样，是不可能的"，然后自己给自己增加阻力，甚至还有人会觉得"有那么多的欲望，会遭报应"，或者"要想全部实现，哪里有时间"。

我也曾这么认为，但后来发现并非如此。

欲望，本来并非是一个褒义词，但是在我看来却"大有裨益"。因为我觉得，欲望其实可以提升自己。

因为欲望，自己可以做出比现在更大的成绩，因为自己此前还没有拼尽全力。

如今，绝不能满足现状。

因此，我们应该再加把劲儿，勇往直前成为更好的自己。

在任何时代，都有"即便看到周围人玩耍，自己仍然努力拼搏"，或者坚信"天道酬勤"的拼搏者。对于这种气概的人，我倍感亲切，并称之为"欲望的天使"。

有欲望，就会产生满足欲望的动力，想满足欲望，就会努力思考。

在我看来，相较于已经功成名就的"成功人士"，"我想成为什么样的人"更适合那些处于人生低谷者。

因此，一定要释放自己的欲望。有了欲望，才有创意，才能收获更多的东西。

世界经济现在并不景气，未来持续多久尚难知悉。面对这样的情景，也许很多人都会收敛各种欲望，想着就此躺平。

然而如此一来，回头却疑惑"我如此无欲无求，到底为了什么"，又觉得自己不能只活在祝福别人成功的世界里。

只有自己变得幸福，才能使周围的人充满元气，这也是对自己释放欲望的肯定。每个人，都有能力获得自己想要的东西。

不过需要注意的是，即便是合理的欲望，也有一定的附加条件，加以注意，才能收获美丽的果实。

比如你想减肥，就得注意饮食；你想考出好成绩，就得缩短游戏时间……各种情况尽管因人而异，但一定少不了自控和努力。

有句话我很喜欢："忍耐之芽很结实，但最后结出的果实却甘甜柔美。"

这句话是我在上预科的时候，老师告诉我的。

我坚信，相比那些不努力的人，敢于努力拼搏的人才能获得甜美的果实。也许，你刚开始获得的东西不多，但过程中的经验却是独家秘方。

只有努力，才能结出果实。为了摆正努力的方向，我们必须高效地利用时间！

世间并非一片坦途，但仍然有人在追求欲望的时候一根筋。这种看似潇洒的做法，和无厘头差不多。无厘头的获取只能应付一时之需，当条件改变的时候，便无所适从。

在追求的过程中，如果获得的东西不能应用，那么不妨调整方向再尝试。

有的人在追求欲望的过程中弄错了方向，导致身心俱伤。比如，我自己就曾犯过这样的错误，在过度饮食和断食之间来回折腾。直到4点起床，我才找到正确的方向。

如果用锻炼身体来比喻，那么努力就好比是练肌肉。如果平常都没有什么基础，那么用力的时候自然难以坚持。此外，如果没有知识铺垫就去锻炼，那么还很容易弄伤身体。

有人觉得执着与努力是很土的东西，早已过时，殊不知这些才最高级，最有人气。

张弛有度的人生才有乐趣，如果一味躺平，岂不乏味无比？

平凡的人要超越天才，必须要有自始至终的努力。其中之一，就是我要讲的"早上4点起床"。

这本书，并非是想告诉大家"任何人都可以4点起床"这一"绝对真理"，而是根据我自己的经验和积累，告诉大家一些早起的方法。要想实现，就必然需要坚强的毅力。这一点，与其他轻松读本有所区别。

这本书并不是在说"早起可以简单实现",而是"通过早起可以拥有更多自由时间,增加更多自信,然后如何借此实现自己的梦想"。也就是说,"早上4点起床"可以帮助你在最有限的时间里做更多有意义的事情。

可能会有人在买了书后抱怨:"我想早起才买这书,结果发现最关键的问题是强大的自我意志,真是白费心力。"对此,我希望对方在抱怨之前,不妨自问自答一番:"我早起想实现什么目的?"

对每个人来说,早上都是睡眠时间。醒来之后,做事的欲望如果没法战胜睡意,那么就没法早起。因此,在"我想早起"之前,不妨先想一想"我早起是为了什么"。简而言之,明确的目标意识才是坚持早起的关键。如果缺少战胜困意的方法,早起行动注定会失败。

也许坚持每天4点起床确实很不容易,但咬紧牙关坚持早起后你所收获的果实必然又大又甜,让你终生难忘。

如果此前你不得要领,做事不顺利,觉得没有干劲,那么现在开始不妨设定一个目标,挑战自己。

对此，我建议你克服自己的欲望，坚持4点起床。

每天4点起，绝对会有回报。如果养成了这样的习惯，你会逐渐肯定自己，并不断接近成功。如果让大好的精力在睡梦中荒废，那样将遗憾终生。

如此平庸的我都能做到，大家当然可以！现在，让我们一起努力，坚持早起。

池田千惠

目录

第一章　早起改变命运 / 001
  第一节　培养早起的"毅力" / 004
  第二节　让早起成为轻松的"规范流程" / 007
  第三节　掌握自己的睡眠模式 / 019
  第四节　早起挑战失败怎么办 / 023

第二章　每天早起一点点，好运自然眷顾你 / 033
  第一节　早起的积极价值与成就感 / 037
  第二节　早上是大脑的黄金时间 / 063

第三章　早起，让自己对每一天都有掌控力 / 075
  第一节　早上给自己开个"单人会议" / 078
  第二节　早起才能提升自己的冲刺力 / 089

第四章　如何更好地平衡工作和生活 / 101

　　第一节　把人生的方向盘交给自己 / 104

　　第二节　运用早起的时间进行自我投资 / 112

第五章　坚持早起，助你成为精进、专注、高效能的人 / 119

　　第一节　用手账来管理日常计划 / 122

　　第二节　充分利用电脑上的电子日历 / 129

　　第三节　早上电子产品活用法 / 134

　　第四节　早上的准备会发挥奇效 / 144

后记　人生苦短，不容虚度 / 150

第一章
早起改变命运

Chapter One

即使我提倡"早上4点起床，享受早起型生活"！但是，怎么做才能在那种极早的时间里起床呢？我想，大多数人都会产生这样的疑问。

无论是谁，早起都是痛苦的。早上只想满足自己的睡眠，比其他任何欲望都强烈，所以，脑袋里全是想睡觉的借口："好，从明天开始，一定早起！"可到了第二天早上，往往会变成这样："啊，太困了。对了，为什么要早起来着，今天一定要做吗？不，不起来也没关系吧，算了，还是接着睡吧。"

对此，一定要抛开这些"不早起也行"的借口，树立早起的信念。为了早起，毫不犹豫地下"决断"，并把起床流程"规范化""标准化"。起床就起床，不要拖拖拉拉。一旦下定决心，身体就会慢慢形成条件反射。

第一节 培养早起的"毅力"

毅力1：要知道早上起床，无论起得早晚，都会犯困

我非常理解睡回笼觉的诱惑。但是，请想一下，即使睡了回笼觉，也改变不了起床时的痛苦。与其说改变不了，不如说更加痛苦。比起经历两次起床的痛苦，我觉得，倒不如一次更好。

当你快要败给睡回笼觉的诱惑时，在磨磨蹭蹭地寻找"不早起也没关系"的借口之前，请你像念咒一样重复："早上起床，无论起得早晚，都会犯困。"我就是通过这种方法，逐渐养成早起习惯的。

毅力2：醒来后什么都别想，迅速爬起来

为什么会找借口睡回笼觉呢？

这是因为，越躺越想睡。为了不给自己留思考的余地，最好睁开眼睛后，条件反射性地立即起来。一旦起来就好了。因为身体已经接受了"起床"这种行为，所以习惯成自然。

毅力3：早上的些许忍耐，可使一天的压力显著减少

早上4点起床，可以利用工作前的这段时间，把今天要做的事情，提前思考一遍。这样做，策划力会变强，加班也会随之减少，还可以早点回家。同时，也能确保充足的、陪伴家人的时间。

痛苦的只有早起的那一瞬间。忍耐一下，就可以度过有意义的一天。而且，只有对晚归发牢骚的家人，不会有抱怨你早起的家人。

我有一位相熟的朋友，是一位家庭主妇，她每晚做完饭后，就一直等待晚归的丈夫。但是，尽管丈夫电话里说"就快下班了",也很难马上回来。每每想着"是不是遭遇了事故,还是肚子饿了",她开始变得越来越焦躁。最后,丈夫终于回了家,她却没有了好心情。

对于早上4点起床并逐渐习以为常的我来说,听到这样的事情,我感到十分惋惜,因为明明早点起床就能早点回家的。

并且,早上的时间,不会被怀疑打着加班的幌子,在外面搞外遇,或者做一些不好的事情。因为,早上4点的时间,只有24小时营业的家庭餐厅才会开门。所以,早上4点起,家人更安心。

第二节　让早起成为轻松的"规范流程"

规范流程1：敢于和不早起的家人，睡在一个房间里

和家人一起住的人，可能会想"要是因为自己早起，吵到家人就不好了"。可能也会考虑跟爱人和孩子分开睡，这样就可以不打扰到他们了。

但是，我建议大家一定要跟家人睡在同一个房间，理由有两个：

1. 睡前和家人聊天是很重要的交流方式，为了早起，牺牲掉这样宝贵的机会，是本末倒置。

2. 可以像做游戏一样，一边想着少给家人添麻烦，一边想着如何瞬间起床。通过这种跟自己竞赛的方式，慢慢地顺利早起。

我和丈夫睡在一个房间里。早上只有我早起，不等丈夫起床就出门了。所以，我们睡前的对话很重要。聊聊今天发生的事和自己的想法，一直到双方都困倦，这个时间对我来说很重要。所以，我没有考虑分房间睡，丈夫也不希望分开。

剩下的，就是努力早起。因为我不希望我的早起影响到丈夫，所以，我刚开始使用的是那种戴在手腕上的无声闹钟。这种闹钟不会响铃，只会振动。确实，振动闹钟能叫醒我，但是这种闹钟没有声音，虽然不用担心会吵到丈夫，但很容易让我再次放心入睡。

于是，我决定用带闹铃的闹钟。当然，闹钟会响，而且如果一直响，丈夫也会醒过来。为了防止这种情况发生，闹钟响的一瞬间，为了关闹钟，我就会努力让自己快速爬起来。这样的话，给丈夫带来的困扰可以控制在最小的范围内。我很享受这种像玩游戏似的压力。

一开始很不顺利。醒来之后，再睡30分钟，再睡20分钟……每天都磨磨蹭蹭地把闹钟的时间往后调，往往是睡一次回笼觉，接着再睡一次。

一直默默地忍受着闹钟困扰的丈夫，有一天终于忍不了了，生气地对我说："你适可而止吧，我真是深受其害。"但是另一方面,自从玩了这个"闹钟游戏",我睡回笼觉的概率大大减少了。

一个人生活的人,我建议你,最好买一个可以吵到周围邻居的、响声很大的闹钟。然后想着,不能一大清早就给别人添堵。所以,你会积极地运用这种压迫感,早早起床的。

规范流程2:冲个热水澡,开启舒畅的一天

在"闹钟游戏"中一口气起床后,请尽情伸展身体,把冰箱里冷却的毛巾贴在脖子上,这样的话,一下子就精神了。然后马上洗个热水澡。因为前一天已经洗过澡和头发了,所以只需要用热水冲一下身体,再洗脸、刷牙。当你完成这些步骤时,已经进入早上的战斗模式了。

据说,人在睡觉期间,即使是冬天,也会流一杯左右的汗。所以,早上冲个热水澡,身体清洁、心情舒畅。听说洗澡时,流水对皮肤的刺激,以及流水的温度,都可以刺激到人的交感神经。交感神经兴奋的话,会让人充满干劲。

早上洗澡带来的清醒效果,比喝咖啡的效果明显得多。

早上淋浴这件事,得益于我的丈夫。他爱出汗,所以有早上洗澡的习惯。不过，我试过之后发现效果不错。

专栏1：推荐使用觉醒香氛

香气能让人感到幸福。例如，使用自己喜欢的洗发水和护手霜，能让心情焕然一新。另外，据说添加了芳香的精油，除了有放松精神的效果外，还有改善身体状况的效果。

有一位经营芳香学校的熟人，她教会我哪些是"对早上有益的香气"。自从学习完之后，我每天早上在毛巾上滴几滴葡萄柚的精油闻一闻，那清爽的香气会让我心情舒畅。

她还推荐清爽型的香气。例如，使头脑清爽的"迷迭香""桉树""薄荷""柠檬"等香气。但是，这些香气对高血压不好，不方便的人还是用葡萄柚香比较好。顺便说一下，迷迭香对防止宿醉也有效果，我今后也要常备。

规范流程3：在博客上对不特定人群发布早起宣言

我觉得，在博客上宣布自己的目标，梦想会实现。

到现在为止，无论是考红酒证书还是考奶酪证书，我都会在博客上发布宣言。为什么这么做呢？是因为看博客的不光是自己的家人和朋友，还有很多不认识的人。在博客这种受众多、群体又不固定的网络上宣布早起的话，就可以把自己逼进一个遇到任何困难都不能退缩的境地。

现在，我的博客里还记载着要跑完2009年火奴鲁鲁全程马拉松的宣言。

不断逼一下自己，努力为自己营造一个不得不达成目标或者不达成目标就会很丢脸的环境。同时，积极地纠正自己的做法。通过在博客上写下学习的进展和时间的分配情况，就可以实现一个又一个跟自己或者跟读者约定好的小目标。

另外，在博客上淡然地写下学习记录，回过头再看的时候，就会感慨"我已经做了这么多了，我没问题！"这样，也能让自己建立自信。

此外，写在博客上的东西，印象会格外深刻。我参加红酒考试的时候，想把考试时用的红酒拍照记录下来。拍照时，竟忽然想到："啊！这不是我之前在博客上写过的那个葡萄酒嘛！"

4点早起也一样，把这个决定记录在博客上，让周围人监督自己，使自己牢记诺言。

规范流程4：特意留下工作的"尾巴"逼自己

还有一种早起的方法，逼迫未来的自己和现在的自己步调一致。这种方法就是要告诉你，如果早上不起床的话，剩下的工作就做不完，从而留下了"尾巴"。

我在外企咨询公司工作的时候，如果下班时突然有急事，我会尽可能地告诉公司：

"比起晚上拖拖拉拉做出来的东西，在早上有限的时间里，一口气做出来的东西质量更高。我是早起类型，早上什么时候上班都可以，所以早上提前上班行吗？如果晚上让我早点回去的话，早上我会交出更好更多的工作成果。"

把工作硬留在早上，就一定能早起。而且如果不早起的话，工作做不完会很麻烦。

当然，如果某项工作是早起时间内完成不了的，最好不要轻易许诺，这样会失信。所以，不是什么工作都非要早上做不可。但是，为了保持紧张感和高效性，故意给第二天早上留下一点工作的尾巴，也是一个有效的早起方法。

规范流程5：提前制作"早起清单"，把自己逼入绝境

规范流程4的方式，有点孤注一掷，太刺激太冒险了。如果上面的方式不适合你，可以试试下面这种方法：做完今天的事情后，在睡前制作一份第二天早上的"做事清单"。

在睡觉前写下"明早要做"的事项清单，并且把自己早起后想做什么、为什么要早起弄清楚。把该做的事情一一列出，用"完"字填这个清单。由于不想半途而废，所以没有填上"完"的部分，心里会不舒服。

相反，如果你脑子里只有一个模糊的目标，那么就会不着急早起了，觉得没什么大不了……然后开始找不起床的借口。但是，如果前一天列出清单的话，第二天早上要睡回笼觉的时候，会想起"啊，我还要做这个，必须起来"！

遵守和自己的约定，事关自信的建立。

规范流程6：休息日早上要做好万全准备，防止睡懒觉

平时就算鼓足劲儿早上4点起床，到了周末也会不知不觉

睡过头吧，偶尔这样也没关系。但是，如果睡太久反而会不舒服，而且等意识到的时候已经到下午了，会觉得白白浪费了难得的时间，心情低落。

为了防止这样的事发生，可以故意在周末早上约点事情做。我建议，最好是那种迟到了也不能一笑了之，而是会带来麻烦的事情。

比如，去美容院和牙科医院需要事先预约。什么时候能就诊，要看前面的人什么时候结束，你的就诊时间，会因为前面的人而发生变化。但是，如果你是早上第一个预约的人，就可以防止这种事情的发生，后面的行程也不会耽误。

如果是我，会经常去一家沙龙，如果我临时要爽约的话，就会给别人带来麻烦。还有，就是把重要的商谈约在离家1小时以上路程的地方进行。如果有这样的压力的话，就不会出现周五晚上喝得酩酊大醉而耽误白天做事的情况了。

专栏2：提前设置好"能量开关"

谁都有过这样的经历吧，早上心情好，一天都顺利。比如，在早班电车上看到了平时都难以见到的富士山美景，或者信号灯从家到公司都是绿的，一路畅通无阻。我觉得能体验到这些，真是太幸运了！其实，这样"幸运"的心情完全可以有意识地创造出来。

你早上起床后，最先做的事情是什么？我起床后，先打开电脑工作。所以，电脑画面是早上第一眼看到的东西，要让它显示能使自己情绪高涨的内容。我的做法是，在屏幕的正中间放一张以前抽到的"大吉"神签，一直盯着看。于是，从早上开始，我的情绪就很积极。

孩子的照片也好，喜欢的小狗照片也好，什么都可以。只需在早上第一眼看到的地方放上能让人心情愉悦的东西，就能开启一早上的能量开关。

规范流程7：早起奖励大作战

如果能坚持一周都早起的话，就多给自己做点奢侈的美容，喝点好喝的红酒。每达成一个小目标都要给自己奖励。给奖励，是早起的原动力。

将目标的达成度绘制成图表也会产生很好的效果。重点是绝对不要去和别人比较，而是要和过去的自己比较。

小学的时候,你在考试中取得了好成绩,试卷上被老师画上了"笑脸"。还记得那时既激动又开心的心情吗?事实上,这种感觉同样可以用于早起。

成功早起的那天,请在笔记本上画个"笑脸"。当看到笔记本上满是"笑脸"时,你会变得很开心,很有成就感,而且还会精神满满地说:"好的,明天也要这样做!"

也许有人会说"好幼稚,我又不是小孩子……",但是,这些点滴的积累是一种成功的体验,是早起的助推器。

另外,家人的表扬也十分有效。经常有上司误以为"只有斥责鞭策才能培养部下"。然而,这种做法早已过时了,因为现在很多人都是在"表扬下长大的"。到底是斥责好,还是表扬好,因人而异,但是至少我希望得到夸奖,得到认可。

我从小就没怎么被表扬过,以至于曾经因为不习惯而条件反射性地否定这一行为,觉得"哎呀,被表扬也没什么大不了的"。

我的这种想法在婚后发生了改变。每当我达成一个小目标时,丈夫都会替我高兴,高兴的程度有时甚至有点夸张。拿早起来说,刚开始的时候,我很难按照既定目标早上4点起床,但是丈夫并没有责备我,说些"为什么起不来"这样的话。反倒是一周之内，尽管只起来一次他也会表扬我说"做得很好啊"。于是，"我想被表扬，我要不断加油"的想法，激发了我积极的情绪。这样不断反复，表扬也一点点增多，从而形成了小小的成就感，而小小的成就感最终可以使人获得成功。

试着拜托家人"表扬一下我"，像做游戏一样，在互相称赞的过程中从心底认同对方，各自的目标也会逐渐达成。

不和家人一起住的话，可以通过发信息和电话的方式获取家人的鼓励。另外，也可以让朋友表扬自己，不要总想着自己一个人努力，要让周围的人参与进来。

专栏3：偶尔用"睡眠奖励"来慰劳自己吧

我们可以将阶段性的"充分睡眠"作为"奖励"。

以前，我在取得红酒证、奶酪证等资格证书的时候，会高兴地说"哇！太好了，考上了！"，然后奖励自己睡觉，甚至睡到天昏地暗。这种偶尔性的奖励，会让自己获得一种重生感。

如果某一天，你过得特别充实，可以休息一下，睡到极限，哪怕你正处于渐渐养成早起习惯的过程中也没关系。因为今天的自己已经拼尽全力,明天可以好好地睡一觉。

人类是渴望成就感的生物,当你评价自己"干得好"的时候,就是在对某一阶段的工作做总结,这种总结可以阶段性地告一段落。这种张弛有度的方式,才会使人生更加绚丽多彩。

第三节　掌握自己的睡眠模式

要知道，6～8小时的睡眠并不适用于所有人。

早上4点起床真是太棒了。但是，做不到也没关系。

这样说，有点前后矛盾。其实，我不会对所有人都说："早上4点起床真是太棒了！"因为，每个人的生活方式、体质、身体状况、性格等都不相同，最合适的睡眠量也不一样。本书的目的是为了探寻人们各自早起的方式，帮助人们早起。

我是经过反复尝试，才确定早上4点起床的。高考的时候，22点睡觉5点半起床，睡7小时30分。接着，23点睡觉5点30分起床，睡6小时30分。然后慢慢调整，一直调整到现在的23点睡觉4点起床，5个小时的睡眠时间。

有人说"我平时要睡6个小时"或者干脆强调"电视上说过应该睡足6个小时"。

那么，你有没有用这样简单的理由，为自己争取更多的睡眠时间呢？6个小时，对自己来说，真的是最合适的吗？可能很多人是因为大家都这么认为，才觉得睡6个小时是对的。

街头巷尾都流传着最低要睡够6小时，最好睡8小时才合适的说法。但是，这是一般论断，并不是所有人都需要这么多的睡眠时间。比如，有人一天摄入2000多大卡也不胖，有人仅仅摄入了1200大卡就发胖。所以，请稍微思考一下，自己是否适用6～8小时睡眠时间。

因此，为了掌握最适合自己的睡眠节奏，让我们来验证一下能集中注意力、提高做事效率的临界睡眠值吧。

这个验证要花2～3周的时间，步骤如下：

1. 最初的一周，试着以90分钟为单位，增加和减少睡眠时间。找出自己最能集中精力，且意识不模糊的极限值。

2. 从下一周开始，按照第一步中的做法，设定出自己的3个睡眠时间值（最低、最适、过度）。

首先是第一步，人在睡觉时，快速眼动睡眠（浅睡眠）和非快速眼动睡眠（深睡眠）交替进行。在快速眼动睡眠（浅睡眠）时起床的话，很容易醒来，周期约为90分钟。也就是说，90分钟会有一次快速眼动睡眠。因此，以90分钟为单位缩短或延长睡眠时间来验证当天的身体状况是否合适，持续验证一周。

一般来说，可以把睡眠时长分为三种：4个半小时、6个小时、7个半小时。每两天试一种比较好。

但是，90分钟这个单位，是以睡着为标准开始计算的。躺下后马上就能睡着的人另当别论，倘若不是那样的人，需要额外加20～30分钟。也就是说，把90分钟×（3或4或5）+α的时间作为上床时间，来试试吧。

然后，在本子上记录下睡了几个小时后的感受，便可以知道自己身体的节奏。例如，"这个睡眠时间太困了，工作搞不好""这个睡眠时间，一开始很困，但身体状态还不错"。这样坚持一周，观察自己的身体状况，弄清自己睡多长时间会没问题，然后得出最佳睡眠值：

最低睡眠值=第二天虽然有点困，但总算没问题。

最佳睡眠值=经过验证，获得的睡眠最佳。

过度睡眠值=睡太多，导致头脑发涨。

如果自己知道了这条线，就可以像下面这样，控制自己的睡眠了。比如：

●晚上有酒会，回来晚了，但是只要保持最低睡眠值，就能维持精力,所以今天就睡×个小时吧。

●今天很累,明天时间很充裕,那么就从适当睡眠值调整到过度睡眠值吧。

顺便说一下,经过多年的调整,我了解到一躺下就能马上睡着的话,我的最低睡眠值是4小时,最佳睡眠值是5小时,过度睡眠值是8小时。所以,我现在23点睡觉4点起床。因为酒会等情况晚睡的时候,则把睡眠时间向后延长,也就是说,第二天晚点起,睡眠时间达到4小时或5小时。

但是,这里所说的最佳睡眠值,是指睡完精力充沛、不会犯困的"极限"时间。非常累的时候,或者是在没有特别事情的休息日的时候,我也会调整到5小时以上8小时以下的睡眠时间。

第四节　早起挑战失败怎么办

我觉得即使4点起床失败，6点前起也不错。

"啊，今天又睡过头了……我真是意志薄弱啊……"在睡前那么坚定地发誓早起却没起来，无论是谁都会感到沮丧吧。

但是，这种时候请稍微转变一下思路。本想早上4点起床，却重复了10次"再睡10分钟……"即便如此，也才5点40分，也算早起呀！

"早晨的暖炉真舒服，真是无法想象不能'再睡10分钟'会是什么样子。"如果你是这样的人，定好早上4点起床的话，即使睡懒觉也能在6点前起床。对于总是7点或8点起床的人来说，如果能在6点前起床，一天的充实感会大不相同。所以，请放心挑战早上4点起床吧。

而且，最重要的是，早起失败了也不要责备自己。努力起床的话，会感觉一天的时间过得很长，心情也会变好。人们挑战新目标时，会激动得心跳不已。所以，如果能有这样的心情也不错。

一开始没有付诸行动也没关系。一般情况下，一个人如果言行不一的话，可能会感到烦躁。

所以，只要想着这种烦躁的心情，就会一点点前进。也许，你会不断上演"因为无法继续而放弃→再开始→又放弃……"这种循环。但是请记住，从不断反复到最后成功的秘诀是"决不气馁"。

另外，喝点酒也不要介意。

我的兴趣之一是参加酒会。也许是因为父亲不断调动工作，我不断转学的缘故，长年苦于与人沟通的我，在酒会的轻松氛围中可以自然而然地敞开心扉。所以，我尽可能地参加朋友的酒会。有人听说我爱参加酒会，会提出质疑："爱参加酒会，还能早起，这不是骗人吗？""真的能早起吗？"

其实，如果我喝到太晚，第二天早上就不会4点起床。因为早上4点起床不是目的，而是手段。酒会的第二天明明摇摇晃晃的，硬要4点起床，会影响当天的工作，这样做非常不妥，明显是本末倒置。

因此，我会在酒会的第二天改为5点半起床，周末的话改为7点起床，以便灵活应对。这也是我一直能坚持早上4点起床的诀窍。

那么，有酒会的时候，具体是怎样调节的呢？正如刚才所说的那样，我的最低睡眠值是4小时，所以要死守4小时，除此之外还需要注意3点：

1. 喝酒的同时，也要一起喝点茶、水等。
2. 尽快定好酒会的开始时间和结束时间，提前安排。
3. 尽量点套餐，不参加提不起劲儿的第二轮酒局。

最近，有些店家在给客人提供日本酒的同时，还会提供"中和水"。也就是和酒等量的水。此举的目的在于，交替饮用可以防止醉酒后身体难受，防止判断力变迟钝。这样一来，大可愉快地喝，而且不会宿醉，不影响早起。

另外，心中要稍做计划，酒会要尽快开始尽快结束。上上之策就是让自己成为酒会的组织者。这样做的话，时间自己说了算，第二天早起也没问题。为了酒会早点开始，晚上的工作必须早点结束。安排这些小事很考验一个人的策划力。所以，最好早起充分思考，提前安排好今天的工作和酒会。这样的话，你就会很难拖拖拉拉地喝到很晚。

喝的时候可以喝，但要张弛有度。

还有一个快速结束酒局的诀窍，就是点套餐。单点的话可能会没有节制，拖拖拉拉。但是点套餐的话，饭菜很快就上齐了。上来的菜，吃完后也就自动进入终了模式。此时，如果还想在店里一边喝茶，一边长时间待着，会给店里带来麻烦，显然不好。所以，你就会自然而然地结束饭局，早点回家，也不用担心晚上的睡眠时间会减少。

不仅如此，套餐的特点是饭菜多，肚子吃得饱有满足感。因此，就不会有"总觉得有点不尽兴，去第二局吧"这样的想法。如果去吃法国料理和意大利料理的话，虽然套餐的价格会贵很多，但考虑到这是在第二局里吃不到的美味料理，如果再去第二局的话，会浪费很多宝贵的金钱和时间。于是，就有了慢慢享受美食的满足感，并且觉得不去第二局也非常划算。

我经常被问："我知道5小时睡眠是你的最佳睡眠值。但是，如果睡眠时间和起床时间不固定的话，身体会受不了吧？例如，我本想23点睡觉，早上4点起床的，但是，到了第二天，变成了半夜2点睡觉，早上7点起床。这样的话，规律会被打乱吧？"

我觉得，只要把握好自己的睡眠值就没问题。也就是说，只要知道自己睡几个小时没问题即可。就算计划有点乱，也很容易修正，并回到正轨。

睡不着，那么请注意5个要点：

养成早起的习惯后，晚上自然会睡得香。我一般上床10分钟以内就能熟睡，所以不会因为入睡难而受苦。因此，只要掌握一些要点，养成早起的习惯，就能摆脱失眠。

即便如此，在转换成早起类型的过渡期，或者在偶尔工作到很晚的苦干期，也会因为把那种兴奋感带到床上而睡不着吧。这种时候请试着这样做：

1. 喝烫好的日本酒和热鸡尾酒（白兰地牛奶、热威士忌、热葡萄酒等）。不擅长喝酒的人，喝三年份的粗茶。

2. 可以在早晨上班的电车里睡觉，不要在晚上下班的电车里睡觉。

3. 睡前做一些简单的伸展运动。

4. 交"睡眠伙伴"。

5. 就算睡不着也不会死，这样简单粗暴地想。

具体而言：

1. 热饮能使人安眠。

我喜欢喝酒，睡不着的时候，经常借助酒的作用。也有说法认为，喝酒使人兴奋，第二天就起不来了，所以不好。那可能是喝太多了。根据我的经验，睡前稍微喝点酒的话，睡意会慢慢来，睡得很舒服。

日本酒中的清酒，是用日本人的主食大米做成的。因为没有蒸馏，所以酒精度数比烧酒低。与很多酒水相比，我认为，日本酒不会给身体造成负担，并且如果是纯粮食酿造的米酒的话，在制造阶段没有添加酿造用的酒精，很少有烈性酒的刺激气味。现在，能买到便宜的烫酒器，很容易制作烫酒，携带也方便。

白兰地牛奶是在加热的牛奶或豆浆中加入适量白兰地兑成的。甜食党们可以用黑加仑利口酒或咖啡利口酒代替白兰地，这样也很好喝（不过，因为咖啡利口酒含有咖啡因，所以要适量）。

热威士忌是将威士忌兑开水，挤上柠檬汁，根据个人喜好加入砂糖。

热葡萄酒是将橙子切成圆片放入红葡萄酒中煮开，再加入肉桂、丁香等香料，根据个人喜好加入砂糖。

睡前爱喝酒的，请注意喝热的。如果喝凉的，会刺激胃，人也容易变清醒。所以最好不要这样做。

我经常喝三年份的粗茶。这是一种让茶叶发酵三年，慢慢烘焙的茶。在壶里放入3大勺左右的茶叶，煮大约10分钟，过滤后饮用。因为是发酵茶，所以咖啡因等刺激物很少，味道很温和。因此，有使心情平静下来的效果，对于不能喝酒的人来说，这种茶不错。

2. 可以在上班的电车里睡觉，不要在下班的电车里睡觉。

早起且不容易入睡的朋友要注意的是，不要在下班的电车里睡觉。

电车摇摇晃晃的，很舒服吧。结束一天的工作，坐车回家，趁着这个空当稍微睡一会儿吧……这种诱惑很吸引人。

但是，请稍微注意一下。即使在早上的电车里睡觉，也不要在晚上的电车里睡觉。为什么这么说呢？因为如果在这时睡的话，回家后大脑就清醒了，晚上可能会睡不着，所以不要输给诱惑，在回家上床睡觉之前要学会坚持。

3. 睡前做一些简单的伸展运动。

入睡不好的朋友，要注意睡觉前伸个懒腰，伸展身体。

据说工作时肌肉僵硬的地方，可以在床上得到放松和缓解。在床上放松身体，可以让身体变暖和，容易熟睡。而且，伸展身体也能缓解压力。

4.交"睡眠伙伴"。

我以"早上9点前，提升商务活力"为主题，主持了"Before9项目"的学习交流会。

在开始进行这个项目的时候，早上我能和志同道合的人一起聊天，因为我们都是早起的践行者。当时的想法是"大家在规定好的时间里睡觉，并且把睡觉信息发布在邮件列表和SNS的社区上互相分享，不是很好嘛"。就这样，我们成立了"早睡会"，并借此不断分享早睡的诀窍。今后，我也想继续推进这样的项目。

5.就算睡不着也没关系。

最后的要点是不要强行睡觉。"因为睡眠时间变少了，所以必须早点睡！"越是这样想，大脑就越清醒，反而更加睡不着。这时候想一下以前从未考虑过的事情，试着使大脑放松。

以"短时间熟睡法"而闻名的藤本宪幸先生，常常坚持3小时睡眠。他曾经说过："如果睡不着的话，这也许是个机会，不妨利用这个时间，好好总结一下白天没能完成的想法。或者，沉浸在因为平时太忙而失去的快乐想法中。"

无论是哭还是笑，时间都一样流逝，那样的话，只有积极地生活才划算。即使某一天的睡眠时间太短，也不会死。所以，睡不着的晚上不要勉强，轻松地享受一下，也是一种乐趣。

番外篇：早上，大家聚在一起

虽然挑战了好几次早起，但是怎么也起不来！如果你是这样的人，就交几个早起伙伴吧。大家可以一起举办"早餐会"，或者参加各种团体举办的早会。

我偶尔会在早上7点，跟朋友们在酒店的餐厅碰头聚会。早上用酒店的自助餐厅来聊天、谈工作，总觉得很有精英风采。也不知为何，在那种场合干劲十足，火力全开，不断涌现出平时想不到的点子。

某天早上的碰头会下大雨了，如果一个人的话可能会气馁不想去。但是，因为跟朋友约好了不得不去，其实，对方也有同样的想法。所以，有人说："如果想早起的话，交几个爱早起的朋友就好！"

另外，也可以参加其他团体举办的早会。

第二章
每天早起一点点,好运自然眷顾你

Chapter Two

那么,为什么我要"早上4点起床"呢?这件事情与我"IQ"方面的心理创伤有关。

那是中学二年级的事情。有一天,班主任对全班同学说:

"知道吗,千惠的IQ很低,连IQ这么低的千惠都取得了好成绩,而你们呢?"

听了这句话之后,我一直很郁闷。

事实上,据说不是"IQ高=头脑好",IQ会根据周围环境的变化而发生变动。所以,用IQ的高低来判断学习成绩很不科学。但是,当时我并不了解这些,当被班主任说"IQ低"时,我深深地受到了伤害。

但是,有时候我会因此而积极,觉得"我的IQ很低,所以要比别人加倍努力"!

有时候,我也会因此而找借口,觉得"原来我做什么都不顺利,是因为IQ低",或者"反正IQ很低,即使努力做也没用"。

但是不管如何，我都讨厌那样堕落的、不断陷入消沉的自己。大概是想从那样的日子里摆脱出来，或者觉得自己也是"只要努力就能做好的人"，说不定能考上一流大学。总之，我想改变。

但是，后来却不断受挫。我"早上4点起床"的故事便是从那时开始。

第一节　早起的积极价值与成就感

我高考失败了两次。

应届落榜之后，我从福岛的乡下来到东京，入住了补习学校。补习学校提供餐食，也不用打扫房间，因此，只需要集中精力学习即可。但是，尽管在那里度过了一年的复读生活，我还是没能考上理想的大学。

最后，考进了为了"保底"而填报的某女子大学。我爸爸是个普通的地方公务员，妈妈是打零工的家庭主妇，如再任性地留级一年对家里来说是莫大的负担。我想着考不上其他学校也没办法，还是尽情地享受女子大学的校园生活吧！

但是后来发现，我怎么也习惯不了那所女子大学的氛围。

我上的是当地著名的女子大学。然而，在那里遇到的却多是"虚伪的大小姐"，她们与真正有修养的女孩子相去甚远。

有一个法语词汇叫"贵族责任"。意思是，在贵族家庭里长大的孩子，因为享受富贵，所以要承担比一般市民更多的社会责任。在这种理念下，真正高贵的人会自然地、积极地开展志愿者等社会活动，对与自己持有不同立场的人，也能够予以体谅。

当然，这所女子大学也有不少学生能够践行"贵族责任"，但我遇到的人却大多虚伪。

她们排挤和自己生活水平不同、价值观不同的人。因为父母和男朋友大多能满足自己的虚荣，所以，她们没有风险意识和自立意识，聊天内容也都浮于表面，基本上不外乎是吹嘘自己的父母、男朋友以及财物，或是干脆说联谊对象上的是哪种级别的大学，等等。她们这些人，即使表面上看起来彼此关系很好，实际上也未必怎么样，而且背地里还常说彼此的坏话。

我无论如何也适应不了那样的环境。

她们相信现在的富裕生活将永远持续下去，并笃信这是因为自己的实力。她们似乎完全没有注意到，其实自己的整个人生全是在依赖着别人。

所谓世事无常，瞬息万变。现在父亲的事业一切顺利，男朋友很有钱，什么都给自己买。但是如果有一天环境变了，当你没有人可以依靠时，毫无真才实学的她们该怎么活下去呢！

因为依附于他人，所以人生更加无常，并时常伴随风险。但是，她们并没有注意到这些。对此，我无法消除和这些人在一起时产生的不适感。

最后，我真是受够了"虚伪的大小姐"。有一件事情，最终使我产生了这样的想法。

我从一个同学那里听到，我最要好的、无话不谈的朋友在背地里说我坏话，内容是关于我的穿着和口音。如果是性格不好之类的坏话，也就算了，但谁知道她侮辱的是我父母和我的出生地，这着实让我无法接受。也许，当初她跟土里土气的我聊天并通过我的着装看出我的家境时，就已经在心里嘲笑我是个傻瓜了。

自从那件事以来，我就一直在想"我不能输给仅仅靠父母的地位和财力就觉得高人一等的人"，并且坚信"即使不依靠居住的豪宅、奢侈品和有威望的父母，我也能开拓自己的人生"！

因此，我决定尽快离开这所女子大学，打算重新报考其他大学。于是，我给父母写信，表达了自己的想法。在经济困难的情况下，父母说会节约家庭开支来支持我。现在回想起那个时候的事情，依然感动不已。

但是，下决心的时候已经是9月份了，只有不到半年的学习时间。如何才能在半年内高效地学习，考进可以包容独立思想和人格的理想学府呢？

在补习的岁月里，我觉得自己就像个书呆子。我想"IQ低就低，如果我在其他人不学习的时候学习的话，就能拉开差距"，于是，我拼命地学习到深夜。当然，也未必就是拼命，可能觉得学到很晚就应该没问题。

但是，学习并不是花了时间就能学好的。虽然长时间坐在书桌前，但因为睡眠不足，不知不觉地就趴在桌子上睡着了。因为睡得不好，上课时常犯困，注意力无法集中。于是，出去买来点心吃，转换心情。就这样不断反复，即使长时间学习，成绩也没有提高。

用那种学习法，半年内无论如何也考不上大学。怎么办才好呢……于是，我放弃了学习到深夜的学习方法，打算试试早睡早起，早上学习。

这就是我开始早起的契机。

就这样，我开始坚持以下生活方式：

22点睡觉。

5点30分起床。

6点从家里出发,从横滨独居的房子,直接去代代木补习学校的自习室。

占好座位,不间断地学习到17点左右。

在此期间,每周上2节我精挑细选的课程。

过了17点就完全不学习了。

晚上做喜欢的料理或者看电视,轻松地度过时光。

因为一个人生活必须做家务,坐车也费时,所以实际的学习时间比高中时代和重读时代要少很多。当时,离高考只有5个月了,虽然心情有些着急,但一切按部就班,学习的充实感是前所未有的。为什么会这么平稳,我觉得理由如下:

早上的电车人少,一定会有座位。

看到从车窗里射进来的阳光,觉得能量满满。

早上补习学校的自习室空荡荡的,所以能坐到想坐的位子。

补习学校的竞争对手们会对我有一种"这个人肯定跟我们有些不同"的压迫感(也许这只是我的猜想)。

因为过着规律的生活，早、中、晚都会准时饿肚子。于是，吃得有规律，人也变得有精神，便秘也好了。

今天也做到早起了！我可真了不起！我这样肯定自己。

这种满足感，在应届生和此前的补习班期间都没体验过。

晚上吃完饭之后是自由时间，我决定放弃没完没了的学习，过张弛有度的生活。

这种早起型的生活模式，最终让我顺利考上了庆应义塾大学综合政策学部。这时，我切实地感受到"早起真是太棒了！"

早起，锻炼了我的规划意识，激发了我的前进动力。

因为我下定决心在早上开始，在一整天的时间里集中学习，晚上一点也不看书。所以，我必须在有限的时间里提高效率。设定好这样的底线，也能锻炼制订计划的能力。

此外，每天"按时起床"产生的自信，以及按照计划完成学习任务时的成就感，使我产生了"我真能干"这一积极情绪，这种情绪鼓舞我继续努力学习和提高效率。

在我还没开始早起的时候，觉得只要晚上一直学习，没有浪费时间就会心安理得。但是，心安的同时，人也变倦怠了。

一直听没有节奏的曲子就会犯困。有了张弛有度的节奏，曲子才能引人入胜。晚上拖拖拉拉的学习，就像没有节奏的无聊乐曲一样。

此外，晚上一直学习的话肚子会饿。在几乎不消耗能量的时间里吃夜宵，很容易发胖，这样对皮肤也不好。多亏了早起，使我远离了这个恶习。

将早起忘之脑后的大学时代

不过，好不容易有了早起觉悟的我，在进入大学后，完全把早起抛在脑后。和其他学生一样，下午才有课的话，我会一直睡到中午，过起了懒惰的生活。

我生活了4年的庆应义塾大学湘南藤泽校区的口号是开办"24小时校园"，因此图书馆和电脑室24小时开放。在这样的环境下，甚至有人带着睡袋到学校住着，这些学生被大家称为"战士"。

大学里有些课程是需要小组合作完成的，一般多是5人左右的学习小组，课下讨论，课上发言，所以有时要在学校待到很晚，有时要在单身生活的朋友家里一直讨论到早上。因此，原本想着早起做点什么，但想法逐渐烟消云散了。就这样，我又回到了只熬夜不早起的状态。

学校创造的24小时随时都可以学习的环境，对于有些人来说很适得其所，但是对我来说却很累，不但得不到休息，反而起了反作用。

现在想想，如果大学时代也坚持早起，可能大学时的我会变得不一样。其实，我在大学时代行动落后于人，精神上也时常紧绷。

现在回想当时的成绩，ABCD四个评价等级中，我获得的A（优秀）屈指可数，B（普通）也比较少，C（刚刚拿到学分）最多。就这样，算是勉强毕业。

话虽如此，但当时的我并非偷懒或玩得太多，恰恰相反，反倒费了很大气力。只不过，虽然我自己觉得很努力但却没拿到多少学分；有时会因为团队的工作，把周末的时间都花掉；有时即使读了几十本从图书馆借来的书，在课堂总结时，也总是发表一些前后矛盾甚至偏离论点的言论。

在那之前，我的学习方法是反复地、拼命地死记硬背，让我突然用脑袋思考，实在不知道该怎么做才好。

在大学时代，我深深地感受到，啃书本和真正的思考是两码事。

例如,作为小组分工的一环,我参与讨论过"如何帮助因网络普及而导致的信息弱势群体"这样的课题。

本来应该调查"信息弱势群体"(因为不能熟练使用电脑,而无法获取必要信息的群体),而我却错误地认为应该调查"社会弱势群体"(因为是社会上的少数派,所以没有发言权的群体)。于是,我调查了残疾人。最后,小组成员吃惊地看着我说:"啊?这是什么调查报告呀?不能用。"

有时,我也会因为朋友的一句话而内心受伤。朋友无意间对我说:"我讨厌笨蛋,我希望周围的人都比我聪明,值得我尊敬。"听了这样的话,我感觉朋友好像在对我说"千惠是个笨蛋,我不想和她交往"一样。

这种时候,"IQ低的咒语"再次打击了我。

"即使我这么努力了,还是不顺利,果然是因为IQ低……"

"靠自己的双脚,用自己的力量站起来!虽然我以前一直这样想。但是,我发现不会用头脑思考的不是大小姐们,而是我……"

我的一位学姐,她是海归,全世界到处飞,致力于世界各国的志愿者活动。因为她觉得这里没有她想要加入的社团，所以打算创建一个。于是，她很快在学校成立了鼓乐社团，并成为了创业前辈。她虽然担心"我一点都没学习，可能会拿不到学分"，但最终却轻轻松松地拿到了A。不仅如此，她上课时不用事先准备，就能流利地说出自己的见解。这样的人是多么令人羡慕啊！

像她一样，我周围的人看起来都很优秀。

和他们相比，我觉得自己就是一个"废柴"。

亲戚和周围的人都对我说"庆应的综合政策学部真厉害！"，但实际上，我和理想的庆应大学生相差甚远。

大三的时候，我参加了研讨课（包括课下调查、讨论，课上发言、提问，等等），因为害怕自己的错误发言会导致小组的讨论偏离主题，所以，即使是小组团队合作，我也不发言，只是静静地听大家讨论。

如果在国外的商学院，课堂上不发言的话，会被认为没有存在的意义，考核评价分数很低。湘南藤泽校区也有同样的情况。所以，这期间一言不发的我，当然存在感为零，因此也成了小组的负担。

当时，湘南藤泽校区规定学生的毕业论文没有研讨内容就不能毕业。于是，在毕业之前，我鼓足勇气，不断地鼓励自己一定要拿到庆应义塾大学的学位。最后，我总算毕业了。

事实上，我大三、大四期间因为压力太大，而得了厌食症和过食症。虽然当时比现在还瘦10多公斤，像火柴棍一样，但我还是深信"我是个废柴就是因为胖，如果变瘦的话我的人生会改变"。于是，我坚持每天只摄取600大卡热量。过度减肥的反作用是能吃的时候会吃很多。有时，我会在15分钟内吃光超1天所需的面包，然后再跑到厕所里吐出来，有时酒会结束后，我会在便利店买很多巧克力和面包一口气吃完，然后再吐。

我想，坚决不能让"又胖、又丑的自己暴露在外面"。

于是，我拉上窗帘，一步也不离开黑暗的房间。如果回老家，爸妈会做很多好吃的，那样必然会胡吃海塞。所以，我有意一年只回一次家。酒会也一样，我会临时说自己去不了。

当时，因为并没有认为这是一种病，所以没有去医院。现在回想起来，显然是太草率了。常去的那家美容院的美容师会关心地问我："怎么脱发这么严重，到底发生了什么，身体没事吧？"其实，我的身心已经到了崩溃的边缘。

那时，唯一能支撑我的就是做饭。做饭，让我度过了节食和过食的艰难时期。令人感到意外的是，唯一能让大学朋友说出"你好厉害"的就是我有一手好厨艺。所以，可以说做饭是勉强保护我自尊心的一种手段。同时，这也是一种训练，让我这个只会依照教科书行事的呆子，能借此思考一些新的创意。

例如，思考6种卷心菜的烹饪方法。通过这样的创意，我有意识地想要改变思维固化的自己。也就是说，平凡人有平凡人的战斗方式。虽然学习方面会输，但做饭方面绝对不能输！就这样，我深信可以挽回脆弱的自己。

另外，料理对我来说也是一种交流手段。正如第一章所说，我从小因为父亲工作的关系，反复转学，所以性格内向。有一次，我做了香蕉蛋糕带到学校，想不到竟然获得班上同学的热捧，同学关系也因此融洽起来。

我开始意识到"即使我嘴笨又害羞，如果用料理表达心意的话，也可以和别人搞好关系"，因此"料理能传达我的心情"。就这样，我开始邀请朋友来家里做客，从而改变不擅社交的自己。

毕业后成为一名白领

料理是我唯一的精神支柱，也是我自信的源泉。所以，就职的时候，我便寻找与饮食相关的工作，依次向食品制造商、便利店的商品开发部、发行料理杂志的出版社等单位投递简历。

当时正值就业低谷，尽管如此，我一直认为"庆应大学"的牌子应该很好用。但是，由于我成绩不好，也没做出什么让人眼前一亮的事情，所以连简历都没人感兴趣。虽然我先后投递过30多家公司，但是通过简历邀请我面试的只有4家。后来，因为面试时紧张，最终通知录用我的只有"和民"。也可以说，是和民"拯救"了我。

当时，和民集团职员超过4000人，是一家在东京证券交易所市场1部上市的知名企业。在我找工作的1998年，和民刚开始录用应届毕业生，而且据说马上就要在东京证券交易所市场2部上市。

我最初是因为感兴趣，所以参加了公司说明会。然而，当渡边美树社长（现任董事长）说出这样一句话时，我的心被打动了。他说:"当一个人和自己的朋友或深爱的家人一起品尝美食时,会露出幸福和喜悦的微笑。"

我想:"学生时代支撑我的,不正是做菜时的喜悦吗?如果在和民工作的话,即使自己能力有限,也许也能做出一些让自己或别人满意的成绩吧。"

另外,我觉得加入和民能在社长身边学到创业精神,是个难得的机会。和民的总部当时在蒲田,是一栋两层小办公楼,几步之内便是渡边社长的办公区。包括店员和本部员工在内,总共约270人。我想,可以在这些精英中,学习一些有关经营的知识。

最初的一年是在门店工作。具体而言,就是在店长的手下一边学习管理,一边体验厨房和大厅的业务。

第二年在总公司的总务部工作,半年后去了分公司工作一年。工作内容是设计用于门店宣传的小册子以及制作和民集团的主页等。

之后,我在总公司的商品部工作了半年,从事菜单的拍摄和宣传标语的制作。

最开始的一年在店铺工作,我的作息时间是:
14点起床。

16点左右去店铺上班。

早上6~7点回家。

早上8点睡觉。

就这样,每天都过着和早起无缘的生活。说到早起,那是过了一段时间后的事了。

店铺的厨房分成几个区域,有生鱼片区、沙拉区、烧烤区、油炸区等。员工必须要做所有区域的菜品,所以需要花几周的时间学习流程。把整套流程学完之后,再分配到各个对应区域,具体负责这个区域的菜品。

我原本就很喜欢做菜,但是家庭料理和店铺料理有很大的不同。店铺的厨房是一个即使在紧张状态下也要有创意和效率的战场。因此,必须把做菜、出菜等流程好好地烙在脑子里,分好先后顺序。虽然我能按照流程慢慢地一个一个推进,但是如果忙起来的话,就做不好了。

到了晚上8点左右,订单越来越多,必须同时做多种菜品。然而,我却不知道该从哪儿下手。

不知不觉,订单一个接一个地堆积起来。因为出菜慢,有时会被客人投诉。店里的服务员实在看不下去了,也会帮我。就这样,我每天的生活十分窘迫。

当时，公司几个月会举办一次团建活动，期间可以和社长边聊天边喝酒。

社长对我说："说说烦恼吧，什么都可以。"我误解了社长的原意，没说工作上的烦恼，而是抽泣地说自己被喜欢的人甩了。现在想起当时社长为难的表情，都会觉得脸红。

我没有意识到自己的缺点。不，其实内心深处可能意识到了。我觉得"自己的无用，已经让自己在上大学时吃了不少苦头。如今再承认自己不行，那么肯定又会像大学时一样犯心病"。于是，我想竭力保护自己。

我把不会工作的自己放在一边，一味地主张权利和利益，比如"住房补贴太低""我不想在店铺工作，我想做商品开发的工作"，等等。

现在想来，当时的自己真是不知天高地厚，觉得"是我选择了和民"。然而，明明是和民给了我机会。

不管处在什么样的环境里，如果不勤奋地工作并得到公司的认可，就无法拥有发言权。想来，当时我连最基本的道理都不懂。

本来调动到公司总部上班，应该是在门店的工作得到认可，并且当过店长具备管理经验后才可以。但是，我没做过店长,一年之后直接被调到了公司总部。

工作内容是在总部管理备品,原则是不让备品用光。同时,要协调上下,创造一种能确保公司各项业务顺利进行的环境。可是,我觉得总部工作中的备品管理是杂活,无须费心,所以我只做一些自以为有必要的工作或自己想干的活。

正因如此,我的工作出现了一系列问题。例如,忘了买渡边社长写信时一定要用的纪念邮票,导致最后他让他的秘书赶紧去买。比如,墨粉和复印纸经常不够用,我完全没有准备。又比如,有时因过度订购导致备品用不完,我完全没有考虑到。诸如此类,不胜枚举。

另外,尽管接客户的电话也是我的工作之一,但有时还是让电话响了好几声才接。社长偶尔看不下去,会直接自己接。

带着误解去了新设立的公司

度过了1年半懵懵懂懂、磕磕绊绊的职场生活之后,我去了和民设立的新公司。

这家新公司是和民为开拓新领域而创立的,是今后发展的重点。我以为自己作为头号员工被选拔出来,觉得特别自豪。

但是，实际情况是公司认为如果我还是做不好工作的话，就没办法继续任用。为了从根本上训练我的工作方法和理念，只能让我在更严厉的社长手下进行彻底的学习。于是，把我送到和民的品牌制作人，也是分公司的社长——A社长手下。这位社长从和民创业期开始就一直从事公司理念的内外宣传和策划工作。

我在A社长那里接受了彻底的教育，小到基本素养，大到工作的具体推进方法，无所不有。A社长说话非常直接，当时给人一种"斯巴达"的印象。但是，在这里接受的训练，已经深深地融入了我的血液中，从和民学成"毕业"后一直到现在，仍然对我的工作有帮助。另外，这段经历，也使我想起早起型生活的美好。

新公司每天早上都有一个"早会"，会上要讲一讲如何将前一天工作中的"注意事项"运用到今后的工作中去，每人发言1分钟左右。

通过"注意事项"的讲解就可以看出，职员们是漫不经心，还是有一定的问题意识。"能从平时不经意的事情中学到东西的人，就是工作能力强的人"，这是A社长一贯的主张。

注意事项，分为"有价值"和"无意义"两种。

"有价值"的注意事项是从不经意的事情中，找出所有事情都共通的真理和解决方法，是一种"深层次"的注意事项。

"无意义"的注意事项，是指谁都能想到的事情。比如，"厕所脏了，再打扫干净一点"这样的事。

听到有价值的注意事项时，大家都会在嘴里念叨："哦，原来如此！"在日常工作中无法说出有价值的注意事项，是因为对工作的问题意识还不够。于是，我每天早上都会感受到压力，不得不说些有想法的话。

但是，如果我能突然讲出一些"有价值"的注意事项，就没有必要被送到A社长这里了。所以，我很烦恼到底该怎么办。

于是，我突然想起了渡边社长早上的做法。

渡边社长的睡眠时长是4个小时，早上4点半起床，6点半前已经到公司看完报纸了。社长每周星期二有"业务改革会议"。此外，还有分别面向应届毕业生、店长、部长每月一次从早上7点开始进行的培训。

社长的口头禅是"理所当然的事情，理所当然地做着，就会得到理所当然的结果"。这个信念，我一直铭记于心。

当时，对于将早起已经抛之脑后的我来说，早上4点半起床已经太遥远了。话虽如此，我想如果能早点去公司，在工作开始前腾出时间思考的话，也许就能讲出"有价值"的话了。于是，我决定每天早上在上班前30分钟到公司附近的快餐店，给自己留出思考时间。具体而言：

把之前的早上7点起床，改为6点半起床。

8点到达快餐店。

到8点半为止，回顾自己昨天的工作，一边写下为什么会被骂，怎么做才好，一边思考"有价值"的话题。

就这样，我持续了一年。

虽然没能马上表现出效果，但是能比别人更早地来到公司附近进行准备，内心感到很充实。这样的话自己头脑清楚，工作进展也变顺利了。

从这一体验中，我懂得了早点去公司备战，就会取得相应的工作成果。

后来，在我终于习惯了这里的节奏时，突然接到了要回总公司的商品部工作的指示。事实上，我刚进公司的时候就很憧憬进入商品部进行商品开发，对我来说，能去商品部简直像做梦一样。

回到总部后，我发现自己发生的变化，觉得自己竟然能听懂周围人的专业表达了。作为一名职场人士，这样说可能会被笑话，我在调去新公司之前，一直"以自我为中心"，总觉得要遵守自己内心的规则。也就是说，我会对那些内心不认可的工作抱有不满，或者干脆无视公司的方针政策，颐指气使。

通过在新公司进行彻底的训练，我终于能够理解自己的工作在整个公司处于怎样的位置，以及自己必须要做出怎样的行动。光是这样，就可以说大有进步了吧。

但是，一旦掌握了工作的整体情况，就开始意识到自己负责的并不是很有价值的工作。当然，我也清楚，之前的自己到底是怎样的"废柴"，也没有挑剔公司的资格。但是，今后公司也一直不把有价值的工作交给我吗？对此，我感到不满和不安。

当时的我明明工作热情很强，已经很有干劲了，但还是不能做自己想做的工作，处于一种瞎忙活的状态。我想从那种状态中解脱出来。

现在想来，应该在那里努力一段时间积累业绩，挽回失去的信用。但是，当时的我还没有这样成熟的想法，决定离开已经工作过三年零三个月的和民。

我知道一直以来支撑自己的是"料理"，但是从和民离开后，我不再坚持把"料理"当成职业了，因为我发现自己更喜欢通过"料理"这一媒介与人建立联系。

在外企咨询公司重新早起

离开上家企业后，我从事过不少行业，这些行业大多不需要什么经验，也不需要考虑此前的业绩。当然，在这样的企业，我甚至连接触相关材料的机会都没有，着实令人感到失落。要知道，整理资料在我大学时期就已经习以为常。于是，我决定重新早起，找回自己昔日的活力。在经历了数十家企业的面试后，我最终应聘到了一家外企战略咨询公司。

说起外企咨询公司，大家可能会想到年入千万日元（约合54.8万元人民币）的奢华生活。实际上，我当时必须从合同工做起，而且刚开始的几个月给的都是时薪。

拿着1000日元（约合55元人民币）的时薪，却要支付每月7万日元（约合3835元人民币）的房租，那种拮据的生活可想而知。所幸虽然到手的钱少，但加班也少，我的自由时间相对充裕。

于是，我决定抽空学点红酒知识。

其实，早在"和民"上班的时候，我就想着"弄一个和工作相关的资格证书"，然后抽空考了个调酒师证。此后，我便开始沉浸在酒的趣味之中。

我的目标，是拿到日本调酒师协会认定的"红酒专家证"。

这个证书的考试合格率大约是40%～45%，但是如果参加专门的"红酒学校"课程，据说合格率会提升到70%～90%（自学通过率只有20%）。也就是说，只要报班学习"红酒学校"课程，这个证书就能轻松到手。然而，我最大的困难就是囊中羞涩。就这样，我不得不选择自学。

刚开始，我本想在夜里学习，但是因为喜欢喝酒的缘故，最终还是没有禁住诱惑。

就这样，带着"喝红酒本就是学习"的借口，我喝完酒就趴在桌上睡觉，至于真正的学习则完全置之不理。就这样，过了好一段时间。

有一天，我忽然想起此前早起带给自己的成功体验，于是决定通过早起来改变自己。就这样，我每天5点半出门，然后直接到公司附近的餐厅，用2小时（6点半—8点半）进行学习。

红酒专业资格考试和学习考试相近，虽然品味非常重要，但考试的时候也有答题卡，需要将红酒的代表性种类及其味道区别、各国红酒的特点及红酒与料理的搭配等知识牢记于心。我想，无论是制作学习计划表还是记录学习笔记，早上无疑是最佳时间。

为了应对考试，我将自己的时间安排如下：

早上5点半起床；

早餐在家吃，然后乘电车上班；

6点半到达公司附近的餐厅；

阅读相关参考书，记笔记，做好专业单词表，挑战练习题；

午饭的时候边吃边记单词；

晚上品酒。有时候，也可以到餐厅喝点红酒，借此调整心情。

为了体验现场考试的感觉，将学到的内容传到网上。

得益于这种张弛有度的生活，我唤醒了自己应试的感觉，并顺利取得了红酒专家证。

之后，在此基础上我又取得了奶酪师、啤酒品味师、高级品酒师等各种酒类相关的资格证书。

不管是哪个证书，基本上都是要先制订计划，然后积极背诵相关知识点，或者通过读书来加深记忆，等等。因为有考取红酒专家证的成功体验，此后的考试更加得心应手。

此外，早上学习让我晚上的时间更加充裕，因此在平日晚上或者休息日，我还会去天然酵母面包店、健康饮食店学习，然后也拿到了相关资格证书。

在此基础上，我充分利用获得的知识，并结合自己的思考，积累了比较丰富的授课方式。也正是从这一时期开始，我摆脱了自己大学时代的自卑感。

获得了自信之后，我也得到了公司的认可。在周末不影响本职工作的基础上，我租借了当地的料理店，开办专业面包店和奶酪店。

尽管如此，我的主业还是公司职员。坚决不能被别人说是为了兴趣而荒废了主业，因此在工作上我依然拼命努力。这时候，我在和民上班期间学到的"开工前30分钟"发挥了作用。

公司上班时间是9点，因此8点半之前我都会在公司附近的餐厅里充分学习，拓展兴趣。8点半到公司之后，我会马上打开电脑查收邮件，然后在上班前制订当天的总体工作计划。具体而言，就是将今天要做的工作内容在脑子里过一遍，如果有必须出席的会议，可以将会议前后要做的事逐一安排好。这样，即使有一些意外，也不至于慌乱。

做好这些，为9点正式工作创造了良好的条件，工作随之顺利推进。当然，工作效率也会提高，受到上司高度认可的机会也越大。

也就是说，提前30分钟到公司做好安排，让我从合同工变成正式工，从普通员工升级到管理岗位，在职业生涯中实现了完美的蜕变。升职之后加班虽然有所增加，但我可以通过早起来提高效率，因此无形中又将加班降到了最低，每天5点半到7点就可以回家。

可以说，我在和民工作3年多，在外企咨询公司工作了6年，所从事的是完全不同的行业。但是不管在哪里，我都有效地发挥了早起的作用，这让我受益无穷。

如果再算上大学时代，我既体验过晚睡型，也经历过早起型的生活，最终还是觉得早起型的生活更适合我。时至今日，我每天都坚持晚上11点休息，第二天早上4点起床。

第二节　早上是大脑的黄金时间

早上4点起,能把一天24小时当成100小时用。

我非常喜欢早上的静谧。橙色的朝阳徐徐升起,随即变成鲜亮的黄色,晴空万里。

为了完成2009年火奴鲁鲁马拉松,我每天都坚持跑步。早上的阳光,让我精神十足。空气好的时候,我在附近河边跑步,边跑边沐浴阳光,还可以看到富士山。在这种环境下,我觉得自己似乎获得了太阳的能量。每当想起太阳从头到脚照着我,我就会充满活力。

早上非常安静,路上的车辆很少,也没有什么行人,空气十分新鲜,只听见鸟儿的鸣叫。这样,没有任何打扰,完全可以放开思绪,大脑中也能涌现出十分不错的点子。

大家不妨想想小学暑假期间,早上起来揉着惺忪的睡眼,

时间	白领时代	现在1（夏天）	现在2（冬季）	现在3（忙的时候）
4	起床/洗澡/化妆/吃早饭	起床/做伸展	起床/查邮件/上网	起床/洗澡/化妆/吃早饭
5	移动	跑步	工作	移动
6	看报纸	洗澡/化妆 洗涤	做伸展	看报纸
7	读书/制订未来工作计划	早饭 扫地	跑步	工作
8	工作准备	查邮件/上网	洗澡/化妆 洗涤	
9	工作	移动	吃早餐 扫地	
10		看报纸	移动	
～	↓	工作	看报纸 工作	↓
18				
19	移动	喝茶 吃饭 购物 学习		移动
20	晚餐 扫地 清洗 上网			
21	洗澡	移动		洗澡
22	和丈夫聊天	洗澡		和丈夫聊天
23	睡觉			睡觉

←—— 直接回家的时候 ——→　←—— 绕道回家的时候 ——→

根据具体情况，细化一天的日程

然后跳广播体操的情形。

也许当时你会边起床边抱怨"为什么假期期间，还要起这么早锻炼"。

但是，当你做完操打完卡回家时，是不是觉得一天时间变得如此地长呢？

长大之后也一样。你是不是觉得早上的工作一般都进展得比较顺利？

从早上9点到12点的时间虽然也长，但与下午3点到6点相比，似乎总是瞬间而已。这样的体验，绝非一次两次的个例。

用好早上时间，我觉得好处有以下几点：

第一，头脑清晰，可以考虑不急但重要的事情。

第二，能够把计划安排好，工作也就结束早，可以有更多的独立时间。

第三，为了确保睡眠时间就要早点休息，这样可以倒推计划，提高效率。

早起有这么多的优点，正是战胜这个不安时代的一把利剑。要能把一天24小时过得像100小时那么充实，其中喜悦自不必提。只有早起，才能体会到这种乐趣。

要意识到时间密度

人需要适当的压力才能干出更大的成就。"三天左右做好就好,不着急"的资料,如果告诉你"很着急,30分钟做不好顾客就会投诉"的话,那么在一个地方努力思考,就可能在30分钟内想出好点子。

如果每天都有这样的压力那当然不行,但是每天早上将压力分解,循序渐进的话,基本上不会有问题。

在正式投入工作的几个小时里,我们不妨尝试着让自己适度减压。

刚开始先计划好,然后在8点半的时候做完这些计划。这样的话,自己就可以集中时间完成,从而使自己获得快感,在按时完成的时候给予自己一定激励。

这样的积极势头可以成为自己向前的动力,9点工作开始后,也就能状态积极。抱着这样的状态,工作就能顺利开展。

下面,我想讲一讲我此前在外企咨询公司期间的日常安排:

晚上23点睡觉;

早上4点起床，冲个澡清醒一下；

5点之前化妆、梳头、做面膜，等等；

5点吃早饭；

5点半离开家；

过了6点后，到达公司附近的餐厅，点一些饮品；

6点多到7点，阅读前一天的晚报和当天的早报；

7点到8点，把这一阶段作为"思考与计划"的时间，主要围绕我的面包店想想好点子，读读书，写写博客，做做企划；

8点半到上班，查收邮件，安排今天的工作计划；

9点开始，投入业务之中。

像这样，将起床到工作期间的时间都进行详细划分，使得自己的"时间密度"更加集中。也正是因为有时间限制，所以可以充分把握应该做的事情，然后对其进行适当的划分。

现在，我已经独立经营自己的事业，可以更加自由地支配自己的时间，但仍然会按照早上跑步还是不跑步来安排日程，做到尽量不浪费时间。

早上4点起，"繁忙"的口头禅从此消失

要说适当提高时间密度和压力，有的人可能会担心"一天总是被时间赶着，没有喘息的机会"，或者干脆说"受不了"。实际上，并不会存在这种问题，因为在提升时间密度的同时，"繁忙"的口头禅就会自此消失。

众所周知，早上是唯一不被打扰的时间，自己可以体验自由驱使时间的快感，就像自己可以按照自己的想法支配自己一样。

那么，我们会感觉"烦恼"或者"被时间追赶"？其实，这和自己的思想无关，而是本身就有一种感觉，像是被驱赶一样。

我有一个朋友，在一家IT企业做负责人，她有一个2岁大的孩子。

为了安排好自己的时间，她打算让孩子9点睡觉，然后去做第二天要吃的餐点，或者换洗衣物。但是对孩子来说，似乎怎么都没法理解母亲的期待，因此总是不睡，而且睡觉时间忽早忽晚，导致她没法制订自己的计划，家务和工作让她烦恼

不堪。

于是，她决定向我学习早上4点就起。

具体而言，就是晚上定好和孩子在9点钟同时睡觉，早上4点自己起来。这样的话，在孩子起床前的3个小时，她就有了自由时间。

如此安排，孩子起床的时间虽然不固定，但几乎不会产生影响，自己的计划也就可以顺利推行。此外，她的工作内容很多时候是和美国方面往来邮件，早上查邮件的时候，不但不会耽误时间，反而工作更好开展。

总而言之，这样对家庭对工作都有好处。

平时，她是骑自行车送孩子去幼儿园，下雨天的话就必须步行。这样，就得比平时起得更早，搞不好还会迟到。但是，早上4点起之后，她的时间有了余裕，即使下雨也没关系。

此外，如果早上起来孩子发烧，他们夫妻双方都没法休一天假，她只能下午请假，丈夫只能上午请假，以此轮番来照顾孩子。如果是4点起床的话，早上提前做完工作就可以早点回家，对工作的影响也会最小化。

有一点，就是早起可能会影响丈夫的作息时间。不过，当她习惯于4点早起后，丈夫受到她的感染，也开始4点起床。这样，夫妻之间的交流也多了起来。

不仅如此，早起还带来了意外的好处。自打丈夫早起后，一下子变成了"便当丈夫"，每天都负责准备早餐。

由此可见，4点起床可以保持自己的节奏而不受外界影响。

4点起床可以提升"假定思考"能力

有种思维方式，叫作"假定思考"。

具体来说，"假定思考"并不是在解决问题的时候全面收集信息来推导结果，而是在信息缺少的情况下，提前预料相关问题的总体情况和结果。

早上4点起床，就可以练就这样的能力。这是因为，这样一来每天都能在限定的时间内产生相应的结果。

我此前在外企咨询公司进行资料制定，需要在固定时间内完成。具体说，就是把公司内部好几个并行项目的原稿或资料做得美观漂亮、简单易懂。比如涉及三个项目：

A项目是客户12点做提案，B项目是客户16点做提案，C项目是客户19点做提案，这三个项目在一天内进行。

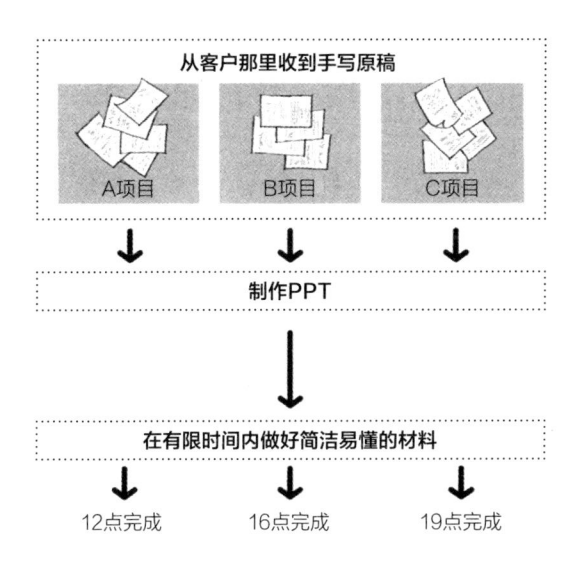

```
                  从客户那里收到手写原稿
            ┌─────────────────────────────────┐
            │   [A项目]    [B项目]    [C项目]   │
            └─────────────────────────────────┘
                 ↓          ↓          ↓
            ┌─────────────────────────────────┐
            │            制作PPT               │
            └─────────────────────────────────┘
                            ↓
            ┌─────────────────────────────────┐
            │     在有限时间内做好简洁易懂的材料      │
            └─────────────────────────────────┘
                 ↓          ↓          ↓
              12点完成    16点完成    19点完成
```

在外企咨询公司上班期间如何高效准备材料

在这种情况下，就要考虑公司项目负责人审核资料的时间、客户的汇报时间、每份资料的完成时间，等等。

30分钟制作10页左右的PPT，可以说是我经常要做的工作。此外，我的咨询业务也很忙，与人洽谈更加司空见惯，同时在你来我往之间，从1个问题中获得10个信息。这样的能力，可以通过4点起床来培养。

时间是有限的，这一点谁都清楚，但是却不容易切身感受到。如果时间充裕的话可以把事情做好，但是一个资料要是做上一两周，那么哪有时间休息呢？因此，每分每秒，都应该充分利用。

这种能力，正是得益于早起。这是因为，面对客户的咨询和工作的安排、计划，到底从哪里开始才能取得最好的结果，我一般都有一定的"预估"。

早上4点起，可以在限定的时间内高效地推进自己的计划。对此，大家不妨每天坚持。

早上4点起，找回自信的自己

也许有人听过"晚上写好情书，早上再读一读"这句话。晚上比较适合内省，但有时内省太过，可能会适得其反。晚上写的博客，可能有太多的反省之处，这样早上再读一读的话，就可以避免写的东西过于负面。

要知道，看到早上太阳徐徐升起，心情也会随之轻松欢喜，负面的情感也会被清理一空。

一些好友或微博读者，经常会留言说"千惠总是这么积极向前""千惠活力满满，给我们都感染到了"。正如前文所写，我大学时代曾经很消极，这也可能是因为我很少受到鼓励吧。

那时，我总觉得"自己的能力就这样，无法突破了""又搞糟了""我真的是无能"，然后总是被不安驱使，生活没有活力。

然而不可思议的是，当我4点起床后，早上的心情竟焕然一新，变得积极起来，觉得"今天要努力前进"，成为新的自己。

此外，4点起床让我像橡皮船一样经历了强大考验。也就是说，遇到多么结实的地板摔打，我就能产生多么大的反弹。

我在和民上班的时候，有段时间被派往合作公司工作。合作公司刚刚成立，什么事情都要做，我作为新手，老板什么都不指导我。

那时，要在哪里做名片、怎么联系厂家制作我全然不懂；如何与客户联系展开营业活动，从哪里下手我也不明白；把公司信息向公司内外通报，我也不知道用什么方法……

面对那些不懂的问题，没人告诉我怎么做，我也怕给老板添麻烦，因此压力很大。

对此，我内心焦急，每日流泪，有时甚至深夜哭着回家。原本想着这是一个学习创业的好机会，谁想"老板什么也没教给我，还是辞职算了"，心里充满了悔恨。

然而，当我第二天早起，然后在工作前30分钟为工作准备的时候，心情竟莫名地平静下来，心想"我想让老板指导我的地方，不正是我的不足吗"，于是决心自己学习，转换思路。

早起使得这一次的打击变成了重拾信心、积极面对的动力。我想，我之所以能够有不畏失败、坚持不懈向前看的勇气，完全得益于坚持早起。

> 第三章

早起，让自己对每一天都有掌控力

Chapter Three

曾经懵懵懂懂的新入职白领，通过合理利用早上的时间，使得自己对工作有了新的理解。因为理解，才有了审视周围的闲暇时间。就这样，在不知不觉中，学到了许多东西。

充分利用早上的时间，然后将自己学到的东西付诸实践，就可以进一步提升自己的工作效率。这就是良性循环。

第一节　早上给自己开个"单人会议"

　　重要的事情要在早上大脑清晰的时候决断。

　　当时，和民早上有很多会议。从早上7点开始，到9点正式上班前的2小时内，公司会在会议期间接二连三地做出很多决定，简直是速度爆棚。

　　其中之一，就是"业务改革会议"。在这个会议上，管理层会共享目前的店铺信息，然后讨论如何改善经营。按照身份，本来我没有资格参加，但我主动申请列席旁听。借此机会，我了解到了上司如何处理报告内容和工作反馈。

　　受到启发，如今我也会在早上搞一个"单人会议"。

　　早起之后，我会跳出自己的角色（比如咨询专家、饮食讲师、撰稿人，等等），腾出时间思考今后的计划和展望。

　　这就是早上要做的主要事情。

如果是晚上进行，就免不了思虑过多，坐立不安，带有重重杂念。如此一来，就很难产生建设性的想法。但如果是早上的话，因为有明确的时间节点，那么什么时间段做什么，就容易逐个安排。

将每天要做的事做成漂亮的手账

渡边社长有句口头禅叫作"把事做漂亮"，言下之意就是做事的时候不能有丝毫马虎。

渡边社长每天都将自己的计划安排得十分妥当。他会做好每天的工作手账，然后用红笔把已经做完的事画掉。这样，那种完成后的成就感和未完成的紧迫感，都能起到积极作用。

参照他的做法，我也决定要做好每件事。每天睡觉前，我都会列出第二天要做的事项，第二天早上的时候就按照这个事项表逐一推进。

这里的关键，并不是在睡觉之前仅仅用大脑去思考，而是要将思考好的计划写下来。我一般习惯于直接在手账上书写，大家当然也可以借助电脑或者手机来记录。总而言之，一定要动手。

为什么这个计划要在晚上完成？这是因为，如果前一天晚上不安排好第二天做什么，那么早上起床就丧失了战胜自己的动力而变得得过且过起来。

如果提前制订好计划，确定明天必须完成什么，那么自己的目标就可以清晰化，自己的毅力也就会被调动起来。有了这种计划，第二天起床就有了动力。不仅如此，漂亮的计划越多，自己的成就感就会越强。

和民的经营理念带给我的启发

和民的经营理念是"不要说做不到"，而要"敢于突破极限"。乍一听这句话，似乎有点精神上的煽动性。

在和民上班期间，我对这样的理念也是敬而远之。但是后来，我在外企咨询公司听到一句话叫"创造性飞跃"，即从挑战固有思维的立场出发来琢磨问题，然后努力寻找新的突破口。这句话，改变了我的看法。无论是"不要说做不到"还是"敢于突破极限"，其实和"创造性飞跃"都是一个意思。

简而言之，就是面对问题不单单去依靠一时的冲动和蛮干，而是敢于对那些看似完成不了的事情从不同的角度下功夫来思考解决。这就类似锻炼大脑的灵活性。

要想让大脑更加灵活,就需要充分的思考时间。如果4点起床9点上班,那么这期间就有5个小时任由自己支配而不被打扰。如果将这5个小时充分重视起来,并用于提升自己的未来发展,那么必然会发挥十分重要的作用。

用好"六大支柱",做好自己的"有价证券财产目录"

渡边社长曾经告诉我"人生六大支柱",分别是:工作、家庭、教养、财产、兴趣、健康。只有保持这六大支柱的平衡,人才能活得顺畅。

从这句话中,我了解了什么是我人生的"有价证券财产目录"。所谓"有价证券财产目录",第一种意思是投资信托或者金融机构等投资方所持有的有价证券一览表,第二种意思是投资方在使用资产的时候,选择最为有利的分散投资方式。换言之,"有价证券财产目录"就是要思考为了自己的未来发展,应该在哪方面进行投资,应该在哪方面不断提升自己才有意义的一种分散投资。

在这里,十分关键的一点就是要维持几大支柱的平衡,奠定好人生发展的基础。当然,并不是说要将这些支柱一根一根按先后顺序建立起来,而是应该刚开始就考虑好平衡然后再建立。这一点确实困难。

近来,有人主张只要"发展自己擅长的领域"即可,而"自己不擅长的领域大可放手给别人"。诚然,不断发展自己的长处固然重要,但是在某一时段补救自己的短处也尤为必要。

比如在盖房子的时候,一根柱子当然撑不起来,只有若干根柱子都建好了,才能撑起整个房子。人生也一样。如果失去了上述六大支柱中的一根,自己的根基就会松动甚至倒塌。这样的人生,注定不会平坦。

我4点起床,然后就做好自己的"有价证券财产目录"。正是由于这样的习惯,才让我辞职之后,先后在图解式咨询专家、饮食讲师、自由撰稿人等角色里发挥得游刃有余。无论是作为一个自然人,还是职场人士,对早上时间的有效利用使我具备了适应不同环境的基本能力。

如今,一些看似繁荣稳定的企业,说不定什么时候就会突然倒闭。对此,难道你不想成为一个勇立潮头的人?

早上4点起床,可以为你的人生奠定若干强大的支柱。因此,我建议大家根据自己的情况,设定好自己的"有价证券财产目录"。

我从早上扫地时学会的自我"机械化"

我在和民上班时,A社长曾让我从扫地开始进行彻底训练。如果不是有了关于工作方式和思维方式上的提升,我真怀疑他是故意坑我。

我最早到公司上班,主要工作就是打扫卫生,确保A社长9点上班开始就有一个整洁的工作环境。无论是卫生间还是地板,我一周都要清理一遍。

A社长坚信任何事情都应该"模式化",因此日常工作都需要做好手册。不管是洗手间的清扫,还是给咖啡机里放入咖啡豆与水的多少,无论是热水壶的使用次数还是电脑的备用频率,等等,都有严格规定。

此外,文件的整理方式、收纳方法,也有明确要求。项目结束后,他还会亲自制定单独的编号。总而言之,为了确保每个人的工作顺利推进,他将一切尽可能的事项都进行了"模式化"处理。

不仅如此，对于手册的每个细节部分，他都要问为什么。每项规则，都无一例外地追根溯源。每项规则，都不能随意改变。

"模式化"这一概念虽然受到职场人士的认可，但对于当时的我来说，确实觉得非常别扭。我自己本来就比较大大咧咧，喜欢按照自己的节奏做事。因此，我刚开始不断怀疑"是不是我自己想错了"，觉得"这些手册不用这么详细也可以，不用别人教我怎么做也没关系"，所有事情"没有必要事无巨细"。

对此，A社长说了这样的话。

他说"如果连理所当然的事情都做不好，怎么能做好其他事呢"，如果"针对这件事没有具体的规则，那么遇到事的时候就会不知所措，从而浪费时间"。

听完他的话，我觉得确实有道理。

我下终端到门店的时候，每天都是按"心情"做事，因此经常订错食材。食材预订时间一般都是门店营业结束后的凌晨3点甚至门店清扫完毕后的4点左右，且必须尽快，一旦拖沓，就可能错过时间。如果错过时间，就只能机械化预订，预订的食材就可能超量或不足。

我虽然明白这一道理，但做事的时候还是跟着自己的感觉走。不仅如此，因为不善于与老员工交流，导致有时货量远超需求而导致损坏，有时货量远远不够……前后一年，给公司带来了巨大损失。

回到总部之后，也是如此。

我曾对此耿耿于怀，思来想去不知"这是为什么？"，甚至怀疑自己是一个"废柴"。如此日复一日，我行我素，也没有从失败中学到什么。

后来，受A社长的启发，我才终于明白我的缺点就是对理所当然的事情循规蹈矩地做，而没有加入任何主观思考，属于彻底的无意识状态。

早上的独立时间能磨炼自己的"提问能力"

A社长还告诉了我一个道理，那就是"提问的次数和内容，能够判断一个人的能力。专业人士一般都能看清自己的目标，并提出相关质疑"。

在出差公司，给我分配的主要任务是制作和民集团的宣传册和网页。对我来说，这样的事几乎全然不懂，至于设计、企划之类的活更是一无所知。A社长的想法，就是想将自己设想的计划事无巨细地一一落实在我身上。

但是，无论是对他的具体要求，还是他安排工作的原因以及工作产生的结果等，我刚开始都没有深入思考，做起事来与他的要求其实已经背道而驰。

就这样，A社长的要求与我做的结果就产生了偏差。为了弥补这样的偏差，我就必须问他。不过，我不明白的地方不是如何完成宣传册和网页，而是想了解一些过程性的问题。

比如当我问到"这个文件是不是要写上姓名、地址"时，他会说"如果问一些理所当然的问题，就相当于浪费你的生命"。

对此，我决定在提出问题前先考虑一段时间。我想，怎么做才能不事事问他又不耽误事情呢？这样，我曾一度陷入停滞，工作也完全没进展，即便他告诉过我"不要为了一个好问题而浪费太多的时间"。

于是，我想着下次不等他问，一定要先尽快提出问题。然后，他又告诉我"不要脑袋一热就随便提问"。

这样来来回回，我越发混乱，哭哭啼啼地真不知道该怎么做才对。

当我跳槽来到外企咨询公司后，切身感受到了质疑的重要性。

当时，我的主要工作是快速做好相关资料的PPT。面对这样的工作，如果有疑问而不问客户，那么工作就没法推进，如果问题问得不得要领，顾客也不知道该怎么回答。为了争分夺秒地完成好每一份顾客期待的资料，我必须有针对性地提出疑问。每天，我都处在这样的环境中。

有时候，咨询顾客不只是一个对象，甚至会涉及同一个公司的一群人，他们会以"问题小组"的方式频繁碰头。对此，我也会以线上座谈会的形式了解他们的诉求，从而探讨解决之策。

这样的座谈会，最重要的是能否了解到顾客真正的诉求，这一点直接影响咨询的质量。为了提高员工的沟通能力，公司内部有沟通能力、提问能力的专门培训。通过这些，我也意识到了"提问能力"是能够解决问题的关键。

为了提升自己的"提问能力"，我采取的办法是在早上上班前腾出时间先思考。优秀的人，通常会在业务时间内提出正确的问题，但对我来说确实困难。如果不能提出有针对性的疑问，那么只能在业务时间外进行思考。

通过在早上反思自己此前的提问方式和内容，我觉得自己在提问方面存在两点问题：

第一，为了提问而提问。这样不仅浪费对方时间，而且自己听完对方的回答后也不知所措，属于无效提问。

第二，提问没有发挥到对话作用。也就是说，自己无视对方的具体情况，只是专注于表达自己的想法，最终导致"只是自说自话"，使得对方的回答没有起到任何建设性的作用。

大家在问问题的时候有没有出现过上述两类问题？对此，我们不妨检验一下，然后发现漏洞，纠正缺陷，逐渐提高自己的提问能力。这样的训练需要循序渐进。

第二节　早起才能提升自己的冲刺力

将压力转换为动力的"冲刺力"

比如,到了8月末,暑假作业还没有做完,这样下去可不行。于是集中精力全力以赴,在最后的3天完成。

又如,明天就是提交企划书的最后期限,而且这份企划书关系到自己的升迁。于是带着必胜的信念鼓足干劲起早贪黑地投入,终于完成了让人满意的企划书。

我想,可能会有很多人怀疑上述这种冲刺力到底会给自己带来什么样的好效果。

对人类来说,冲刺力是一种奇妙的存在。在外企咨询公司工作期间,我就掌握了这种能力。

所谓咨询,其实就是和时间做斗争。在工作当中,每一分每一秒都至关重要，这种效率和节奏要比普通公司高好多倍。除此之外，还需要瞬间的判断，这一点又像是和压力做斗争。

我曾经和一个从外企咨询公司离职的朋友聊天，这位朋友告诉我"在外企咨询公司干过，才知道其他的忙碌都不算什么"。这位朋友跳槽到一家大型保险公司后，周围的人都异常忙碌，只有他依然应付自如。

渡边社长经常告诉我们要"365天，每天24小时备战"。如果在工作中没有相当的储备，那么关键时刻就很难全力冲刺。如果平时都是拖拖拉拉，那么干起活来也只能是松松垮垮。要知道，在特定时期内全力以赴并挑战自己的极限，对人生来说无疑是十分重要的。经历过这样的考验，那么以后再遇到什么困难，就会觉得都是小菜一碟。

如前所述，我在和民上班期间最讨厌的就是时间压力。比如我正在店里的厨房工作时，顾客不停地下订单，导致我没有时间冷静思考，就像一直被时间追赶。我这样一个抗压能力弱的人，偏偏跳槽到了需要争分夺秒工作的外企咨询公司。这一选择，真是将自己逼上了绝路。

对此，我每天早上4点起床，坚持与时间带来的压力做斗争。正是得益于这样的训练，如今的我在工作中才有了自由和宽松。

对我来说，早上的时间，就是早起后到9点上班前的这一段时间。只有高效且充分地利用好这一段时间，才能提升自己的冲刺力。可以说，这样的持续训练不仅能够应急，而且还有助于克服任何有压力的工作。

让制约变成创造

只要有人说"提案还有1周时间，可以慢慢做"，那么往往是开会前10分钟才拿出方案。

有人可能怀疑这样踩着点完成的东西是否靠谱，但客户的积极反馈完全打消了这一疑虑。由此我才认识到，当你被追赶的时候很有可能迸发出卓越的意识。

我认识的一个朋友，他第二天要去海外出差，有些资料必须今天完成，但是他就是做不出来，上了飞机后才开始真正投入精力。

他告诉我，这叫"飞机离地冲刺法"。具体而言，就是飞机在准备离地期间无法打开电脑，这时自己可以闭目养神，将相关资料的基本情况集中思考一遍。当飞机运行平稳，自己解开安全带之后，马上打开电脑来撰写资料。他的做法，可以说将限制条件发挥到了最大。

同样，早起也能起到良好的效果。在9点之前做事，会让人对时间观念变得更加敏感，从而每天早上都能保持冲刺的状态。

说到每天都保持冲刺状态，有人可能并不赞同。但是要知道，能够刺激大脑产生快感的多巴胺，正是在这种状态下产生的。具体而言，就是在限定时间内完成既定工作会分泌多巴胺，从而使自己的成就感大大增加。

所谓工作前的时间，就相当于自己设定的时间压力。在这个时间段内完成多少事情，实际上就是和自己在比赛。

如果在固定时间内设定的目标过大，也可能导致无法完成。也就是说，能否完成目标，本质上并非取决于外部的施压，而是来自自身的抉择以及对压力的挑战。若非如此，自然不会分泌多巴胺。

早起，就是自我抉择。通过早起来克服问题，可以产生多巴胺，相应的满足感当然会油然而生。

自己确定时间节点，把工作轻松做完

我在外企咨询公司上班时，有一位我非常尊敬的人，他也属于早起型。要说做咨询，就像投篮一样，为了完成顾客的任务发挥脑力和体力全力以赴。没有相当强的毅力，自然无法承担。他就是这样一个24小时都在备战的人。由于坚持早起和杰出的业绩，他在公司内部的地位不断提升。他能够坚持早起，真是令人折服。

比如，据说领导让他夜晚安排会议，他会根据自己的理论来说服领导其中存在的弊端，最终将会议安排在早上。

当然，他之所以敢这么说，是因为他会竭尽全力完成计划并产生相应的成果。

他通常的做法是将截止日期前的一两天设定为自己的"时间节点"，并将时间节点告诉秘书。

马上到时间节点的时候，大家都可能焦虑或烦恼。因此，将时间节点提前几天，留一两天来预备，这样并不难做。不过，如果只是脑子空想的话，在时间上可能还会紧张。与其如此，那就干脆写下来，对自己形成一定的约束。

我也仿照他的习惯，提前设置一个自己的时间节点。比如，本来可以设定"我本月中旬回家"这样一个大概的期限，但是我觉得这样还是不能接受，并最终调整为"还是本月15号回家"。因为有了明确的时间设定和内心宣言，如果不遵循的话就会觉得很是难堪。这么做，也是利用了人的心理因素。

重视早上时间，并尊重别人的时间

要问我们咨询岗的口头禅是什么，那一定是"为对方增加附加值"。

作为一个咨询岗，需要智慧和理论，也需要如冰一般的冷静，就像一个半人半机器的生物。在进入外企咨询公司之前，我就对此有所了解。但是真正入职之后，才有了切身体验。这个岗位不仅需要逻辑也需要"热心"，要发自内心为顾客着想。

以前，我总以为咨询公司做事都是先定好框架，然后按照计划推进工作。实际上，具体情况大有不同。如果仅仅按照逻辑来说明问题，就没有办法打动人心，如果和顾客交流的时候没有热心，当然也就没法打动对方。

我虽然认同咨询公司的工作需要智慧和逻辑，但是我觉得工作时必须接地气。

咨询岗每天要做的，就是以自问自答的形式思考"自己是不是能够持续为客户提供附加值"。对于咨询岗来说，"创造不了附加值的人"这一评价，就相当于告诉你"说什么也白搭，干脆辞职吧"。也正因如此，很多大型咨询公司给的薪酬差距甚大。

也就是说，如果你的建议不能为顾客带来超过每小时数万日元的受益，对方当然不会支付这么高的咨询费。

我在管理部门，因此无法直接感受到咨询压力，但是毕竟与一线咨询人员一起工作，他们那种拼命的干劲我完全可以感受到。

为了让自己的时间价值实现最大化，就得在这方面进行反复训练。在我看来，最合适的训练时间就是早上。因为在早上，可以不用影响别人的时间。

如果在与别人约定后迟到，真是一件十分恐怖的事。因为，这相当于剥夺了对方宝贵的时间。

在我所敬重的人中，地位越高越注重别人的时间，尊重对方的时间分配。

我的一位上司曾经说过"当了这么多年的社长,事业做得越大,我越重视时间而非金钱。因此在与别人会餐的时候,我总会说'非常感谢您抽出这么宝贵的时间'"。

一个大企业的社长,有可能在一天之内就要下一个决定数千人前途的决断。这样的压力,可想而知。他们的一小时,无法用金钱和财物来衡量。因此,相比金钱,他们更重视自己的时间。

早上的时间,一分一秒都十分宝贵。在早上,自己可以做最充分的准备。此外,还可以一个人集中精力思考。

注意早上新闻,凝练工作战略

现在,我会在早上花30分钟左右大体浏览《日经新闻》的早报和前一天的晚报。这么做,一方面是为了了解当前的主流信息和论调,另一方面最主要的还是洞察顾客的诉求。

这种做法,对一个咨询岗来说是基本中的基本,但是对于我这种管理岗或支持岗来说,能做到这一点的却不多。咨询岗深入了解客户的需求,是理所当然的事情。现在这个时代,想知道最新消息或者社会发展状况,只要在网上一搜就能马上获悉。那么，我为什么还要坚持看报纸呢？这是因为，我和客户聊天时，都是从"今天看了《日经新闻》没有"打开话匣子。

因为咨询岗必读《日经新闻》，所以作为他们的支持岗，如果我也了解相关信息，那么与之沟通的话也就会更加顺畅。此外，如果我能提出"我看了今天的《日经新闻》，昨天的材料还要不要改动"这样有关工作的话题，那么咨询岗的同事就会对我肃然起敬，并赶忙问我"是不是有什么问题"。

也就是说，有时候看了早报之后，就会发现有些项目资料必须调整。比如，我就会告诉他们"客户的要求有变，因此今天肯定会很忙，所以需要早点上班，以防万一"。

所以我会坚持看报。

早上时间思考"自己的信条"

"信条（credo）"一词来源于拉丁语。丽思卡尔顿酒店为所有员工都配了一个信条，大小和名片相当。在信条中，写着员工的工作准则和使命。具体而言，有以下三点：

1. 我们承诺，丽思卡尔顿酒店最重要的使命就是为顾客提供温馨舒适的服务。

2. 我们承诺，为了让顾客随时感受到宾至如归的感觉，我们将提供最人性化的服务设施。

3. 我们承诺，我们将会用真正的知心服务想顾客之所想，让顾客感到满心的愉悦和幸福。

上面的标准并不是具体的行动指南，而是留下了相当大的思考余地。按照这样的要求，丽思卡尔顿酒店的员工精益求精，在试行错误中不断提升。

了解到这个以后，我也想做一个自己的信条。

这个信条要符合我的真实情况，又能表现自己，传递自己的理念。那么，怎么定才好呢？想来想去，我决定用"一往无前"（日文假名为：つきすすむ）这个词。

从高中到大学，从和民到外企咨询公司，从上班到创办料理店……在人生追求的过程中，周围的人时常用"一往无前"来评价我。这个词，对我来说再合适不过。

つ：相当于追求，表示永远要有好奇心，在工作中追求更好。

き：相当于超越期待值，表示在工作的时候，要敢于超越对方的期待。

す：相当于微笑，表示不忘永葆笑脸，懂得感恩。

す：相当于速度，表示追求效率和品质的最佳平衡。

む：相当于对方，表示要站在对方的立场上思考问题。

我将"一往无前"作为自己的理念并思考其内涵，都是在早上的时间，思考的地方就是公司附近的餐厅。我也尝试过晚上琢磨，但琢磨来琢磨去不是太长就是太牵强，最终在早上借助清晰的思路想出了"一往无前"这一最能表达自我的词，这让我感到十分满意。

此后，我便将这个信条放在心里，并用在工作当中。当工作中遇到挫折的时候，我只要想起它，就有了重拾信心的勇气。

当然，也要防止过犹不及。比如，过于强调一往无前，然后想赶紧把工作做完，要么工作不扎实，要么不惜气力导致自己体力不济。有人认为稍微超越原本的期待值挺好，但是这一次的超越可能会成为下一次的标准，如此不断循环，就容易造成压力。

这时，在睡觉前可以反思一下。如果觉得按照信条做事顺利那就没有问题，若非如此的话，那就需要反思一下哪里出了问题。如果没有反思而导致后悔，那么即便躺在床上也很难入睡。

接下来，将前一天的反思落实到第二天早上。一般来说，晚上状态比较低落，容易犯迷糊出错误，但早上的话就不用担心这些，而且压力也小，因此最为合适。

第四章
如何更好地平衡工作和生活

Chapter Four

有效使用早上的时间，工作能够有条不紊，相关技能也能得到提升。不过需要说明的是，真正会工作的人，绝非只知埋头工作，而是巧妙地将"工作"和"游玩"加以平衡。

只有理解了"工作生活两不误"的真正含义，"早上4点起床"才会真正帮得到你。

第一节　把人生的方向盘交给自己

试想，如果每天朝九晚五，中间休息一小时，那么每天至少工作7小时，也就是相当于将30%的时间花在了工作上。

如果任由这30%的时间在工作中匆匆虚耗，那么你永远也无法把握人生的方向盘，而只能看着车行的方向，随波逐流。

要想摆脱这样的境地，就得改变自己的想法。如果早上4点起床，就可以控制自己的人生方向。这样，原本只是乘客的自己，就可以坐上司机席，自由地驾驶车辆。

实际上，很多看似无趣的工作，也能让你做得妙手生花。比如说打印东西，要根据材料的不同确定打好后给哪些部门使用，或者要考虑到审阅材料的人比较年长，要扩印一下才好。接受工作安排的时候，要很快明白该工作具体要做什么，这和打印东西是一个道理。

经过这样的长期训练，如果领导觉得"某某办事，一定没问题"或者"工作交给某某，我放心"，那就能充分说明问题。也就是说，如果把工作交给你，你能够将相关意见或提案归置得井井有条。

这样一来，你既可以在工作中如鱼得水，保持高效，还可以在早上或者下班后给自己创造出足够的私人空间。

料理店的主厨曾经说过这样的话："烹饪时，请观察食材、调料的使用时间对菜肴的影响，如果中途你没有把味道调好，最后端上来的菜味道绝对好不了。"

这就好比是人生。如果工作、兴趣、家庭、健康……调整不当，人生就不会那么美好。中途没有调整好，最后再调整就难以赶上。如果置之不理，那就更不用提。

当然，工作和生活一样，哪一方面出了问题，生活都不会那么如意。

对此，我们不妨思考一下"工作生活两不误"的真正含义。

最近，人们常说"工作生活两不误"。

仅从这句话的字面意思看，就是将工作和兴趣放在同等重要的位置，或者放慢工作节奏。

其实,"工作生活两不误"的本意,是将工作和游玩等同视之。这样的话,无论是工作还是游玩,都能发挥出应有的创造力,人生才能更快乐。

聪明的人总能很好地兼顾"工作"和"兴趣"

我身边那些闪耀着光辉的人,其共同之处就是该工作时努力工作,该玩耍时开心玩耍,无论是工作还是玩耍,都能乐在其中。他们讴歌人生,纵享欢乐。

回想上小学的时候,那些一心学习的孩子往往能名列前茅。但是相比他们,既会学习又懂得玩耍的孩子,才是最后的赢家。这一点,我在高中和大学时代深有体会。

我有一个中学时代的好友,考上了上智大学。当时,我们高中位于福岛县,平均三年才有一个学生考入东大,考上早稻田、庆应大学和上智大学这种级别的也只有2名。就是在这种形势下,我的好友竟然能轻松考入上智大学的热门系——外国语学院英语系。

她有点像个疯丫头,空闲时间总是在学校里瞎折腾,甚至和老师嬉笑打闹,但是回到教室后,她却会专心致志地学习,再不关注其他事情，那种游戏的状态一下子消失得无影无踪。看着她学习的样子，我深深地感受到头脑聪明的人在学习和玩耍时，他们的精力集中程度是一样的。

进入大学以后，我发现越是优秀的人越懂得学，也懂得玩。那些会打篮球、善于登山或者经常参加志愿服务的学生，似乎更多的是班级的前几名，成绩也往往是A等。当时，我觉得"那些人聪明令人羡慕，而我智商太低，本就和人家没法比"。实际上并非如此，只是他们懂得张弛有度而已。

入职外企咨询公司后，我发现组织乐团搞音乐会、作为某剧团女演员而在舞台上展示自我、到欧洲参加专业肚皮舞比赛、拥有色彩搭配师证书而为别人搭配颜色、擅长步行的活跃分子、连专业演员都自觉逊色的表演达人真是不在少数。

在这家公司，有一年我的职责是活跃公司氛围，推动公司健康发展。因此，我想到了这些"隐藏的专家"，希望他们也参与企划。我请这些有不同才能的人发挥各自的特长，每人当一天讲师，并将各自擅长的领域分享给大家。这样一来，公司俨然成了一座文化学堂。

与此同时，我根据自己的兴趣，开办了周末面包店。这样的经历对我来说，真是受益无穷。作为面包店的讲师，如何表达自己、如何吸引大家的兴趣等，都是我从咨询公司的同事们那里学到的东西。此外，还有一些优秀的同事，他们开办了红酒店、中文班、书法班等，可以说工作兴趣两不误。

他们的共同之处，就是在工作时"没有废话"。这是什么意思呢？其实，就是他们做事时精力的集中程度要比别人高。也就是说，在感叹工作忙碌而无暇发挥自我兴趣之前，我们就应该将对待事物的热情充分集中起来，然后将工作尽快完成。

此外，还有一些人本身就带着不服输的精神。在团队旅行期间组织比赛活动的时候，这些人往往全力以赴铆足干劲。可以说，对"胜利"有一种异常的执着，无论做什么，都有全力以赴的积极能量。

觉得自己不行，因为缺乏自信和表达能力

有时我还会想"和那些在工作、兴趣方面都能兼顾的人相比，自己还有哪些做得不对"。

实际上，我在外企咨询公司工作不久，就由临时工转为正式工。于是乎，我的工作量也开始增加，有时还会遇到一些沟通问题，加班也与日俱增。工作和生活无法兼顾的我，可真是

苦恼了好一阵子。

比如，当我必须回家的时候，公司派给我的任务却让我无法拒绝。对于视客户为上帝的公司来说，面对顾客的紧急需求就得加班完成。有时候，我也怀疑过类似的加班是否有必要，但最终依然没有拒绝。也就是说，我心里会有些不爽，做事的时候也会想着"这些事为什么必须现在做"。

正因如此，碰上朋友的酒会或聚餐，我的爽约也逐渐多了起来，朋友也随之少了起来。长此以往，喜欢的工作也渐渐成为负担。做一些自我牺牲倒也罢了，有段时间我甚至对工作产生怀疑和否定，觉得加班是"被迫"的东西。

这时，有一位前辈出现在我的面前。她工作能力强，平常不仅不用加班，而且每周一还要去练肚皮舞。

据我观察，她和客户的关系很好，交流起来无话不谈，对于相关问题的本质也能正中要害，所以客户对她十分信赖。

她通过提升自己的表达能力，将自己的主张传达得很透彻，对自己的工作能力和判断能力有充分的自信。

和她相比，我才发现自己在表达能力方面有所欠缺，我甚至感到自卑。

于是，我决定改变自己。

也许我的战略经营能力和理论思维能力不如咨询顾问,但至少在图解和PPT制作方面,我的知识储备应该具有压倒性优势。就这样,我决定要从自卑中走出来。

自卑源于缺乏自信。有的人遇事想不开,这可能和性格有关系,但是从我的经验来看,早起可以排除这些苦闷。在我看来,如果早上的精力充分释放就会产生自信,进而可以提升自己的表达能力。早上4点起床,就是我坚持的方向。

提升自信,就要彻底地完成当前的工作

建立自信,提高自己的表达能力,自己的自由时间自然就会增加。于是,我决定将早上的时间作为我自我投资的时间,主要用于思考。

在正式工作的前30分钟内,除了思考工作,还可以从兴趣出发,偶尔学一些和饮食相关的知识,看一些提升自我技能的书,或者读一读公司领导撰写的著作和杂志文章,认真领悟其中的要点。

如果对自己的人际交流缺乏自信的话,那么还可以看一些关于交际方面的书籍,包括如何培养部下、如何与上司打交

道，等等。要是专门针对外企咨询公司的话，可以多看一些有关逻辑思维、战略思维方面的著作，然后将相关知识应用在具体工作之中。就这样，早上就成为改变自我的战场。

照此推行，你会发现某一天你也会像自己的优秀前辈一样，在与顾客的交流中能够很好地表达自己的思考和主张。这样一来，自己的工作就会被认可，自己的兴趣发展也会更上一层楼。

早上4点起床，不仅工作生活可以两不误，而且还会让你产生安全感。比如，在工作不太顺心的时候，也会因为兴趣的支撑而使自己保持心态平衡。相反，当兴趣发展出现问题时，也会因为工作的硕果而重拾自信。总而言之，内心的平静就是工作和兴趣的平衡。

第二节　运用早起的时间进行自我投资

我有句非常喜欢的格言"Fake it till you make it"，意思是"成功，从假装开始"。

这并不是说要让自己故弄玄虚，而是要以游刃有余的状态，努力追求余裕的人生。要知道，很多人都习惯给自己设限，觉得"自己就这样子"。在外企咨询公司上班的时候，就有不少同事说"我只会做PPT，除此别无其他"，也有同事说"即使跳槽，我也只能去咨询公司，没什么可选"。

在我看来，这些同事的交涉能力、PPT的制作水平、决断能力等都无可挑剔，但他们却总是觉得"自己没用"。

我虽然缺乏自知之明，但也愿以"Fake it till you make it"为座右铭来提升自己的格局。我希望以此为目标，努力提升自己。

早上4点起床，一切就皆有可能。

前面提到我曾在公司负责活跃气氛，刚开始的时候领导曾问我"愿不愿意干"？这种工作主要是在业务时间以外组织会议，或者与政府官员交涉，确实比较麻烦。

领导问我"愿不愿意干"，其实是话语中留有余地，可能觉得我未必愿意。我觉得领导好不容易问我，就果断回答说"我愿意"。不仅如此，我还决定搞一个公司内部的"文化学校"。

这种事看起来麻烦，但由于融入了自己的兴趣，我最终学到了如何为自己努力。明确了这一道理后，我觉得当别人问你可否做某事的时候，你正好有这方面的灵感，大可以先答应下来。相较于不做而感到追悔莫及，做了之后感到后悔显然更好一些，因为即便失败，也可以成为今后成功的积累。

我习惯每天4点起床，因此确信"提升自我的时间非常充足"，所以愿意将努力一把就能实现的事交给未来的自己。

我之所以开办面包店，就是因为我觉得"我可以"。

上大学期间，我就梦想着有一家自己的料理店。刚到外企咨询公司工作的时候，我就在常去的一家面包店开始学习面包制作，并顺利获得资格证书。不过，我虽然可以教授从那里学到的相关技能，但毕竟缺乏当老师的经验。尽管如此，我还是满怀传道授业的欲望，于是我就在SNS的自我简介上赫然写出"我有制作面包的资格证书"。

看到简介的某面包店老板和我取得了联系，自此我实现了成为一个讲师的梦。

不过有一点，我觉得自己在人前讲话还是有些尴尬，时不时会怯懦。对此，我怀疑"自己还能当讲师吗"，但转过头来一想，好不容易有这样的机会我岂能放弃，于是决定"绝不逃避，一定要改变自己"，于是我最终接受了邀请。

有了这样的经历，我不但掌握了专业讲师的话术，还总结了以下几点：

要随时面对参与者的提问；

要能想出让参与者喜欢的面包制作法；

掌握开办面包店的具体技能。

就这样，我学到了很多专业技能，这些技能和经验也成为我如今开办面包店的资本。

此外，奶酪店讲师的经历，也是如出一辙。回想起来，那是一次奶酪大会举办的专业会议，参加者有30~50人。

虽然我有面包店的授课经验，但面包店的听讲者最多的时候也就8个人，而这次举办的大会是此前的几倍之多，而且参加者多是专业人士。其中，部分参与者本身就有自己的奶酪店。在这么多人面前讲课，我有些不知所措，甚至都有些不知深浅。

纵然如此，我还是决定挑战一番，此举也成为我早起的动力，让我在成为专业讲师的路上更近一步。

"我能行""我来做"这样的话中，当然伴随着责任。如果净说一些不负责任的话，就会让自己失信于人。但是，就像"一口唾沫一个钉"一样，一旦话说出去，就要努力让自己的能力符合自己的承诺。对此，应该拼尽全力，超越自我。

提升自己，就要重视饭桌

早上4点起床后充分利用有效时间，按节点推动工作的能力就会提高，工作也就会更早完成。然后，就可以花一些时间在自己的兴趣上面。

要是能去一些兴趣学校学习当然好，偶尔参加酒会或者家族聚餐，也未尝不可，因为聚餐、酒会可以让自己的趣味时间和空间更加广泛。

我喜欢边吃边走，每天都在探索美食门店，并且经常到心仪的店铺消费，打算成为一个资深食客。我觉得，资深食客需要具备以下四个条件：

第一，对店里的人表示感谢，并付诸语言。

第二，不要成为店里的讨厌分子。

第三，当店里人多混杂或者繁忙的时候，不要长待。

第四，带上亲朋好友，增加门店的粉丝。

谨守这四点，你自然就会和店里的人建立良好的关系。以此为契机，你就有机会接触食材的生产商和不同职业的人，进而促进事业上的共同协作，使自己涉足的领域更广。

一旦工作和兴趣之间实现无缝连接，事情处理起来就会愉悦很多。不仅如此，你遇到的任何事，都可能发现其中蕴含商机。

工作中的简单聊天，就可能埋下兴趣的种子

早上4点起床，如果工作和兴趣之间实现无缝连接，那确实是难能可贵的事，因此没有理由不在公司内部提倡。

外企咨询公司可以通过局域网将员工的个人简介上传到公司内网,做成个人网页。这种局域网用起来很简单,我的个人简介主要包括"前一份工作在和民""酒是我保持活力的源泉之一""我有日本酒、红酒及奶酪制作方面的资格证",等等。

有意向和我联系的一些咨询专家,为了寻找我的信息而打开网络页面。我在工作场合都表现得比较害羞,平时不怎么张扬,也许是和网上的简介区别较大的缘故,这反倒让别人感到好奇,从而增加了喝酒畅聊的机会。

这些咨询专家平时可能和人吃饭、交流的机会比较多,所以有不少人对红酒感兴趣,或者有意了解更多的红酒知识。不管怎么说,我对红酒的了解比一般人要专业许多,这在公司内部传得沸沸扬扬,因此在某个项目结束聚餐的时候,由我来寻找美酒美食店的频率也就多了起来。

这样一来,我在寻找新门店和新美食的过程中乐此不疲,我和公司同事的交往也多了起来。关于酒和料理方面的知识也就随之增加了不少。

有一次,一位政府秘书打电话给我,说:"某某领导晋升,我想送红酒,该怎么选择呢?"

这样的问题，会让自己更加努力掌握红酒的知识，而且如果了解到位的话，我买的红酒股价未来还可能会升值。

此外，有时我会不经意间说起我周末开办面包店的事，有时也会直接拿着自己做的面包来公司，因此来我面包店的人也不断增多。

选择自由职业以来，得益于和不同行业之间的沟通交流，还有巧克力商社社长告诉我"能不能搞个以红酒和巧克力为主题的聚会"。

这些，真是意外的收获。

第五章
坚持早起，助你成为精进、专注、高效能的人

Chapter Five

如何让工作与生活"两不误",其重要性虽然可以理解,但如果没有习惯的话,一时间还难以真正掌握。

对此,我觉得我在外企咨询公司掌握的相关技术,或者已经经过我自己检验且有效的相关方法,此时就可以发挥作用。我希望大家合理运用,从而提高工作效率。

第一节　用手账来管理日常计划

　　首先，基本的做法是将工作和游玩计划做成一本手账。无论是工作计划还是游玩计划，都应写入一本手账为好。当然，有人可能会将工作手账与生活手账分开，但是这样很容易优先工作而将零碎时间分给生活。

　　我经常听到这样的例子，比如一个人工作的时候，闷闷不乐什么好主意也想不出来，反而在洗澡、看电影或与朋友喝酒的时候忽然蹦出个主意。因此，将工作和游玩同等对待，显得十分必要。

　　无能的商人做不好工作计划，平日里也从不搞什么酒会或聚餐活动。要知道，酒会上的一些个人见解，很可能就是最早的火花。

　　只不过，需要经过严选罢了。比如"虽然不太中意，但觉得不去又没有道理，一时间不知如何是好"的话，就干脆放弃。一旦觉得不太中意，那么拼命进行时间管理就未免过于愚蠢了。至于说"真的想去，但是……"这样的想法会产生精神负担，对邀请者来说也有失礼仪。

不过，对于那些真心认为有必要的个人见解，一旦纳入和工作同等重要的程度，就应该用工作中的条件予以消化。要想让这样的好主意与日常工作并行不悖，那么充分利用好早上的时间，结果自然会提高很多。只要有"不放过今日游玩"的想法，那么工作也会顺利推进。

将工作目标和生活目标写在一起

人应该按照所写的计划来行动。因此，手账中所写的内容，就相当于自己的宣言。想要实现这一宣言，会给自己带来一定的压力。如果这样的压力能够转化为正确的行动，梦想就能实现。

我习惯在每年年末都将第二年的必达目标写在手账上。不管大小事情，只要想清楚后我都写。对此，我每天都要看一遍，并且一边看一边思考，琢磨如何落实。这样到年末的时候，就能够完成70%～80%。然后，我将已经完成的目标用红笔画掉，这种"画掉"的快感总是令人难忘。

每天的工作计划也一样。每天固定的工作内容自不必说，还有一些个人计划，比如扔垃圾、买邮票等都写在同一行。还有那些琐碎的事，虽然称不上目标，但是也要写上，以免忘记。这是因为，即便是轻而易举的计划，只有一个一个逐一消灭，才能获得成就感。

每次做完一件事，就用红笔画掉，这种"完事"的感觉越多越令人兴奋，睡觉的时候也会因为"今天好充实"而睡得安稳。这样一来，睡得好也能起得早，从而形成良性循环。

写计划的时候，可以将相关内容分成四种，分别用四种颜色的笔来书写。具体而言：

伙食费：紧急且重要的事（绿色）

沉淀：不紧急但重要的事（红色）

日课：紧急但不重要的事（蓝色）

主意：既不紧急也不重要的事（黑色）

比如，我一般会将计划、和朋友家人吃饭用红笔写，将咨询活动和事务筹备用绿笔写，将每天的清扫、换洗用蓝笔写，将与工作无关的网页浏览用黑笔写。

在我看来，无须非要拼命将写上的计划都一一落实，只要能实现其中的80%即可，大可留一些余地。若不如此，而非要全部完成，那么完不成的话自己的失落感就会油然而生。

完成80%，即使原定计划今天没有完成，至少大体都能合乎需要。给自己留点余地非常重要。

寻找适合自己的手账

我对手账情有独钟。理由主要有三点：

第一，可以将忽然想起来的主意马上写下来。

第二，将中意的主意或者未来的目标写下来，时不时看一看，就会让你觉得离目标很近。

第三，由于是手写，所以能强化意识。

就这样，我每天手账不离身，让喜欢的手账颜色和手感贴近我。有幸运色的陪伴，效果会更好。

我的幸运色是橘色。正如别人说的"橘色是维生素之色"那样，看到这种颜色会让人精神满满。此外，现在我虽然不在家里常住，但家的厨房也刷成了橘色。根据橘色来搭配其他的装饰，似乎运气也好了许多，因此我更加坚定了将橘色作为幸运色的想法。

让橘色定位周围的主色调，感觉很多事情变得顺利起来，心情也随之畅快，真是令人不可思议。

对于自己喜欢的手账，总愿意打开思想的翅膀。那种幸运

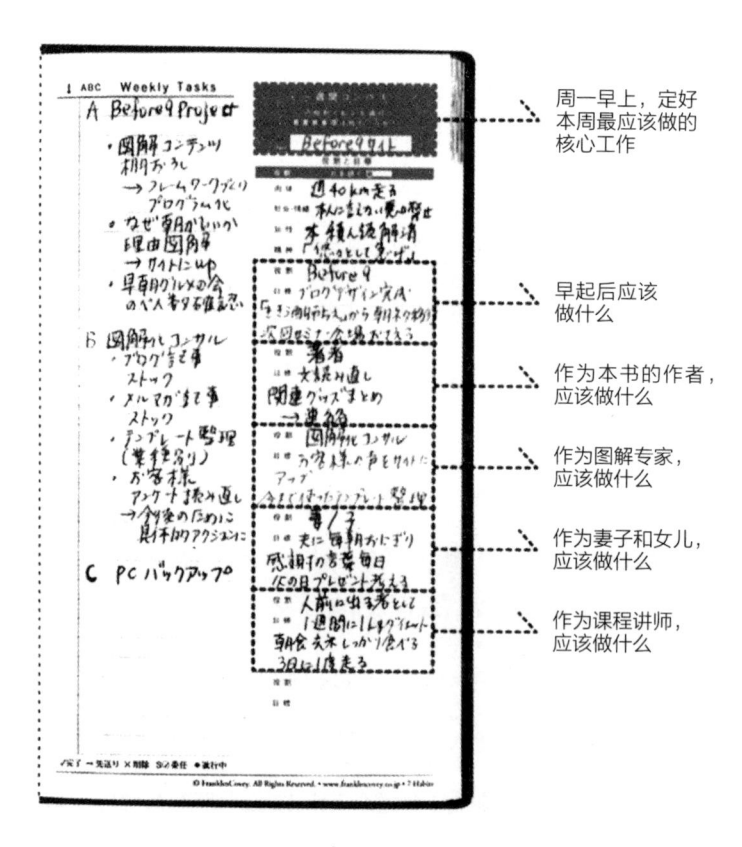

- 周一早上，定好本周最应该做的核心工作
- 早起后应该做什么
- 作为本书的作者，应该做什么
- 作为图解专家，应该做什么
- 作为妻子和女儿，应该做什么
- 作为课程讲师，应该做什么

明确每周的任务以及各项任务的轻重缓急

的颜色能让人在睡前获得平静，在早间精神满满。

由于手账内容都是自己写的，因此它就像自己的分身一样。因此，大概没有人不去珍惜，很可能将其视为至宝。

为了更好地落实第二天的计划，睡觉前先定好目标，早起之后就去执行。这就是手账作为"日程表"所发挥的作用。上面要写什么，主要还是要自己明白，无须考虑他人是否看懂，所以自己可以按照喜好来标记。我的手账上只有写日期的地方是一片净土，其余空间完全随心所欲，在每天要做的事情后面写下具体事项。

手账是重要的机密材料

手账属于随身携带的东西，有时候容易遗忘，这样就可能泄露公司的机密。

在商界，商业机密就是取胜的关键。其中，咨询行业的信息更为重要。在客户信息交错横飞的世界，稍有泄露就会引发信用问题。即便是同事之间，有关客户的信息也不能随意乱传。当然，在公司里面做好的材料也不能带回家中。至于说将桌上的资料带走，那更是荒谬之举。

在我看来，如今越来越多的价值不断从事物转移到信息领域，"信息重于一切"的看法在今后会越发明显。对此，为了不失去公司和客户的信任，也为了不会产生机密泄露的风险，在将相关机密写入手账的时候，应该注意以下两点：

第一，不要直接写出顾客的名字。

第二，具体的工作内容要写得模糊一些。

不过这样一来，有可能难以回忆。为了便于回忆，有些方法可以分享。比如，可以用UDN（超密集组网）式略语。注意点有两处：

第一，可以将所咨询的商品的首字母做成记号写下来（比如拉面店的话就可以写成RMD，牛肉盖浇饭店可以写成GDN）。

第二，可以将对方公司的社长或者负责人的某个特征做成记号写下来（比如这个人戴眼镜且个子高就可以写成MGN或者Tall）。

刚开始的时候可能会觉得麻烦，习惯之后，就会沉浸在制作秘密的快乐之中。此外，这样不用写很多麻烦的内容，记录效果也会提高许多。能够迅速将自己的计划写进去，心情当然美妙。这种方法，可以用于机密管理。

第二节　充分利用电脑上的电子日历

我除了通过手账来管理日程外，还使用电子日历。日历于我来说，并非是做未来的计划，而是来记录过去发生的事情。也就是说，我想检验自己一天的时间都做了哪些事时，电子日历便成为不二之选。

也许有人会问我为什么要对完结的事情进行验证。在我看来，这是为了自我进步。

在外企咨询公司中，"PDAC循环"这样的话语经常出现。所谓P即plan（计划），D即do（行动），A即act（处理），C即check（检查）。四项循环，就可对业务进行改善。用电子日历记下完成的内容，然后对这些内容进行确认，就相当于check。

早起之后，或者确定未来计划，或者对自己进行投资，如果不对相关结果进行确认,那么就没有任何意义。只有反思所得结果,才能将需要反省、修改的地方找出来。若不如此,充其量只能是自我满足而已,对促进自我成长毫无益处。

这种做法也可以通过手账来实现,只不过记入手账的话要逐一计算某项内容、要素所花掉的时间,比较麻烦。要是用电子日历来记录的话,将一天的活动用不同颜色来划分就可以一目了然,至于哪件事花了多少时间就更简单,事后检验也非常容易。这里有两点很关键:

第一,能够通过多种颜色划分不同内容。

第二,通过颜色划分,便于计算时间。

具体操作如下:

第一,在睡觉之前,将电子日历"伙食费""沉淀""日课""主意"四项按照不同颜色划分好。为了和自己的手账相匹配,可以使用四色圆珠笔。一般我习惯于将"伙食费"定为绿色,"沉淀"定为红色,"日课"定为蓝色,"主意"定为黑色。

第二,判断自己的工作内容相当于上述四项的哪一项,然后记下来。

第三,周末晚上对一周进行回顾总结,通过和上一周的日

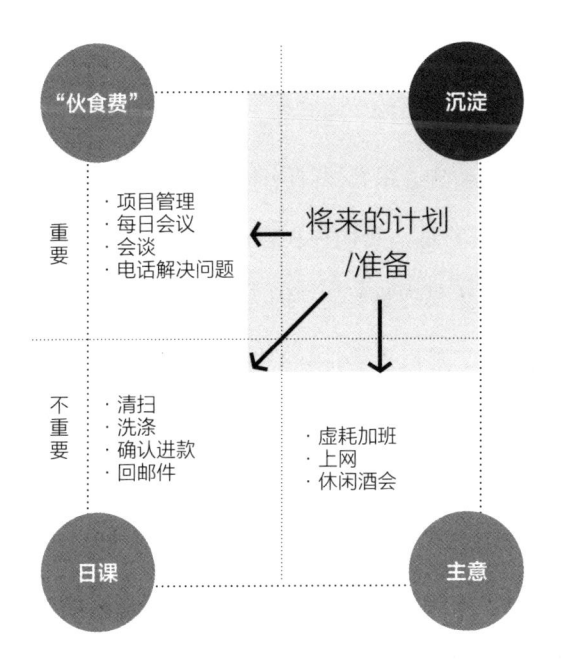

```
           "伙食费"                          沉淀

        ┌─────────────────┬─────────────────┐
        │ ·项目管理        │                 │
   重    │ ·每日会议        │  将来的计划     │
   要    │ ·会谈           │  /准备          │
        │ ·电话解决问题    │                 │
        ├─────────────────┼─────────────────┤
   不    │ ·清扫           │ ·虚耗加班       │
   重    │ ·洗涤           │ ·上网           │
   要    │ ·确认进款        │ ·休闲酒会       │
        │ ·回邮件          │                 │
        └─────────────────┴─────────────────┘

           日课                             主意
```

早上是"沉淀"时间，沉淀越到位人生越充实

程进行比较，看看哪些部分存在增减。

第四，通过对比检验，将明天要执行的内容写在手账上。

然后，我们不妨再详细看看这四个要素：

伙食费就相当于项目管理、每日会议、紧急电话等；

沉淀就相当于工作计划、发展性学习、运动、有益健康的饮食、与可以信任的人交流、家庭聚餐等；

日课就相当于确认进款、回复部分邮件、清扫、洗涤等；

主意就相当于上网、喝酒等。

在上述内容中，最花费时间的项目就是"沉淀"。

需要说明的是，我们往往容易忽略"沉淀"，但实际上这部分才是人生最为重要的。因为"沉淀"越多，自己对未来的思考就越多，然后弄清忙碌的根本原因，寻找更好的应对之策。然后，就不会疲于应对"伙食费""日课"，更不会错过好"主意"。

每天在日历上按照颜色记录相应内容，就可以一目了然地了解到自己在哪些事上花了多少时间。按照这种方法进行验证，那么你就会自然而然地把握早上这名副其实的"沉淀"时间。

涉及隐私也没关系？

有人担心使用电子日历会泄露机密。对此，大家要知道这里的日历所记录的内容都是"过去"，为的是检验时间的分配，因此没有必要在里面写上具体几点几分在哪个公司干什么之类的东西，所以也就没有必要担心泄露隐私。比如，如果是

"伙食费"的话，只要写上"公司内部会议"，然后用颜色分开就行，如果是"沉淀"的话，只要写上"读书"就好，这样一来就不会存在泄密问题。

如果非要写上具体特定的名称，那么在相关地方进行说明，然后用代号、略语标志即可。

第三节　早上电子产品活用法

用笔记本电脑有效利用碎片时间

最近，因工作原因而随身携带笔记本电脑的现象越来越多。曾经在公司上班时，为了有效利用碎片时间，我经常在路上携带笔记本电脑和网卡。

有人觉得办公室的台式电脑可以用于工作，没有必要路上携带笔记本电脑。但是，路上带着笔记本电脑，我可以在正式上班前、吃饭期间、酒会前等碎片时间思考一些计划，或者上网查一些相关信息。

离开公司自己创业后，我更习惯如此。我的办公室在市中心，下午可能在郊外有会见，晚上可能有聚餐，如果都要返回办公室取东西的话那将十分麻烦。这种情况下，我用笔记本电脑就可以随时随地办公。

最近，在咖啡店或者快餐店中，有不少可供笔记本电脑充电的电源。因此，可以在等客期间带上电脑。

需要注意的是，在这些地方自己的工作内容有可能被别人看到。如果是一些有关兴趣的东西，别人怎么看都没关系，但要是有关顾客的委托，就要注意防止被别人看到。对此，可以使用显示屏保护装置，以防被别人看到。

贴上这样的屏幕保护贴之后，即使从斜后方偷看，也不用担心信息会泄露出去。

如果疲于思考，不妨用用"词典"

早上时间无人打扰，适合安排计划，也适合思考一些战略性的问题。但是，即便早上非常适宜思考，一直如此的话也有疲惫的时候。对此，我建议先做一些不用太多思考的事情。

比如，可以给包里装上一两册轻便的单行本或者新书，如果想问题没了思绪时就可以翻一翻，或者随意浏览一下电子词典，看一看相关词语的意思。这样，可以在放松的同时增加新的知识。

这种转换心情的方法，其实来自一位公司的社长。

这位社长曾建议我说"你要充分重视语言、词语的使用，一定要使用词典里的正确表述"。

这是因为，他注意到我对"报告""联络""商量"的使用方法及其区别完全不了解，在使用上存在问题。

对此，我决定每天翻看词典。

咨询行业有个常用说法叫"结晶化"，意思是说将自己想要说的内容简化整理，然后清晰地传达给对方。制作PPT，也需要尽可能简化、易懂，同时发挥应有的效果，这也算是"结晶化"的一种表现。

我曾听一位咨询专家说"要想将冗长的内容简化，就要利用好近义词词典"，如今看来才知其中妙趣。平日里用好词典，词语自然会不断扩充。

此后，我在平时也会习惯性地对相关词语进行比较，然后选择更为恰当的表达。目前，我的主业是将咨询企业的相关业务内容做成图解，为此要尽可能简化，这时近义词词典不可或缺。

用手机记录想法

活动身体既可以换一换心情，也可以创造最佳的思考时间。

如前所述，我每天都在我家周围跑步，并将其作为必修课。刚开始参加马拉松主要目的是为减肥，但当我坚持每天在家附近跑步后，却发现时不时会有很多不错的想法涌上心头。因为此前没有坚持运动的这种习惯，这倒是一个新发现。

不过，好不容易燃起的好想法，本想着回到家之后用笔记下，可是往往会在没到家之前就忘记，不得不令人遗憾。如果边跑边有意识地告诉自己"不能忘记"，那么大脑中就不会有更多的空间让你再想到其他点子。

这样，岂不是白白浪费了大好的思想火花。对此，我建议大家带上手机。有人觉得带上小本子也可以，但是记录的时候就必须停止跑步。如果是手机的话，就可以边跑边将自己的想法通过录音的方式记下来。

手机也可以用于工作之中。如今，我作为一名撰稿人，经常需要调查、采访。采访期间，手机成为不可或缺的东西。如果是一般采访，用手机的目的主要是记录与对方的聊天内容。对于我来说，除此之外还要借此确定自己是否提问得当，或者自己听到不当的回答后是否偏离了话题。

当然，要是所涉采访比较麻烦或自己准备不足的话，就可能在现场问一些没含量的问题，也就没法达到目的。因此在采访之前，应该充分利用早上的时间，做一些适当的排练，以待身临其境之感。

用手机可以随时随地学习

走路、跑步、乘电车或一个人吃饭的时候，我觉得手机可以成为学习的好工具。

我毕业于一所归国人员很多的大学，后又在外企咨询公司工作，很多人认为我可以用英语自由交流，实际上我的英语水平并没有那么高。要说一般场合的话倒可应付，但作为一名外企员工还不够。

早在上大学的时候，我就觉得不学好英语不行，于是还买了《听力马拉松》，每月一本练了一年，将其作为听力教材。当时，听起来还需要随身携带单放机插入磁带。我上学的路程坐车要20分，徒步的话约40分，考虑到运动健身一来一回徒步就是80分钟，其间每日在路上练习听力，坚持不懈。

此外，每月的教材都配有试卷。我比较懒，基本上不做题只是听，偶尔读一读教材内容。就是这样的练习法，我的托福成绩竟然提升不少，一年间升了200分。对此，我也颇为惊讶。如今想来，当时英语水平的提升虽然也有赖于单词的积累，但每天不断接触听力，确实令自己大为受益。

后来我入职和民，基本没用什么英语，后又跳到一家外企咨询公司，三年间我的英语也处于荒废状态，以致英语水平不断下降。

其间有一天，公司有位来自韩国的交换派遣专家前来，我不得不每天和他用英语沟通。刚开始我有意回避用英语，但发现不能如此。作为外企骨干，我觉得这样下去可不行。

对此，我再次购买了《听力马拉松》，希望借此重新提高自己。这种教材包含大量新鲜时事，每次听起来都能让人提神不少。于是，我坚持利用空闲时间不断提高。

这一时期，我将录音机换成了手机，在早上的通勤和中午吃饭期间，都可以随时练练听力，最终和韩国专家的交流越来越方便，并且彼此之间建立了良好的关系。

早上用电子词典，英语水平更进一步

和我的大学时代相比，如今学习方法已经有了很多变化，那就是可以和电子词典一起配合使用。我上大学的时候，考试多以词汇量的积累为主，很少有人使用电子词典。

走向社会之后多年不用英语，有时候听到很多单词、熟语不知是什么意思。对此，不轻易将不明白的内容放置不管，才能显示一个人是否具备良好的学习能力。这时候，用好电子词典，自然会助你一臂之力。

在我看来，选择电子词典的关键有三点：

第一，启动快，便于对不懂的单词马上去查。

第二，小而轻，容易携带。

第三，功能少，简单便宜。

近来，不少词典带上了许多其他功能，这些功能虽然也能用得到，但是即便购买回来，一般使用最多的也就涉及其中的两三个功能而已。因此，我建议还是按照自己的真实需求购买，这样也能节省财力。

将手机每天携带身上，碎片时间就会得到充分利用。这样，英语水平也就会不断提升。

还有，也可以借助英语有声读物来练习。至于具体内容，可以选择那些自己读过的日文书或者喜欢的题材。这样的话，有声读物上所念的内容自己更容易听懂，也就更容易产生满足感，相关英语表达记起来也就更牢固。

我常用iTunes购买以下几种电子书，并且反复练习。比如《How to Win Friends and Influence People》（《如何赢得朋友，影响别人》）、《The Seven Habits of Highly Effective People》（《做人高效的七个习惯》）。

这两本书是我的英语启蒙书，我非常喜欢。在学英语的同时，还掌握了不少成功法则，可谓一举两得。

用iPod练习自己的定力

我每天使用iPod，但同时也会将其和电子书、J-POP（日本的流行音乐）分开，以此来保持张弛有度。

比如，我要觉得需要给自己鼓鼓劲的时候，就放一首瓦格纳的曲子，然后在iTunes中输入瓦格纳即可。其中，特别是曲目中的《纽伦堡的名歌手》，就像打开了人生动力的开关，让人心情澎湃。

此外，还有一种过程，就是即使工作期间在听音乐，仍然能够精力集中而不受影响。心理学家米哈里奇·克森特米哈伊称之为"流程体验"。"流程体验"能够持续多久，会对工作产生质的影响。

在此，我想讲一讲我自己如何长时间维持这种"流程体验"。一言以蔽之，那就是在工作的时候先不要听音乐，而是听一听电子书。

刚开始你可能觉得影响思绪，但是过一段时间后，你精力集中的程度就可以达到话不入耳。当达到话不入耳的状态时，然后立即切入宁静的音乐之中。这样一来，精力集中程度就会由短到长，不断延伸。

经过这样的训练，即便你在嘈杂的咖啡店或者家庭餐厅，也能做到不受影响。习惯了平日里有声读物的感觉，就会觉得有声的环境理所当然，面对那些嘈杂的场合工作也能集中注意力而不会出现违和感。

让早起生活更为舒适的配套工具

1. 防偷看滤镜

2. 手机

3. 粗茶

4. 梅酱番茶

5. 睡眠追踪仪

6. iPad

7. 智能笔记本

8. 早上倒计时表

第四节　早上的准备会发挥奇效

提高早上的效率

习惯起得晚而把早上的时间搞得很紧张的人,大多没什么食欲,也没时间吃东西。

因为那时候肠胃还缓不过来。但是,要是早上4点起床的话,在上班之前还有5个小时,而且白天还要上8个小时班,肚子当然容易饿。此外,由于时间充裕,完全可以细嚼慢咽。女生还可以贴个面膜。

但是话说回来,早上这么重要的时间要是浪费太多的话就太不应该了,要尽可能高效利用,把好钢用在刀刃上。一般来说,我是这么做的:

周末就做好每天早上要吃的糙米饭,然后分成几份冷冻,吃的时候加热。加热期间可以化妆，化妆完毕后，米饭基本上刚刚热好，可以直接食用。当然，如果将蔬菜和米饭加热一起吃更好。

我比较喜欢用海带、干香菇做的味噌汤，因此每天晚上睡觉前就先在锅里放入海带、干香菇，第二天早上热米饭的时候打开火，顺便做好，这样也能省些时间。

晚上睡觉前，我也会搭配好第二天要穿的衣服。这样，第二天起来免得挑来选去浪费时间。

此外，装假睫毛或者美甲，也可以缩短时间。

如果有人为每天收拾齐刘海而烦恼，那么我劝你做个离子烫。近年来，我一直留着长发，头发容易卷曲，早上吹头发比较费时，所以我会半年做一次离子烫。这样的话，晚上头发就不容易睡乱，早上只要稍微用点喷雾就能重回自然。如果时间允许的话，也可以再梳个髻发。

糙米加粗茶，让起床后的大脑更有活性

近五年来，我每天都吃糙米饭。糙米的营养成分高，可以为身体提供充足的能量。此外，如果不充分咀嚼的话，就会引起消化问题。因此，要吃糙米饭的话，早上也就必须早起。这样一来，在你细嚼慢咽的时候，大脑也会随之不断清醒起来。

对糙米饭进行充分咀嚼，可以为大脑输送更多的氧气和营养，促进大脑的活性。大脑清晰的话，思路就更加清晰。有很多人喜欢嚼口香糖，目的就是防止瞌睡。

此外，糙米的食物纤维丰富。因为长期吃糙米同时坚持早起，我小学以来一直烦扰我的顽固性便秘得到了根本解决。现在，每天大便一两次，身体状况大为改善，早上起来精神满满。

吃完糙米饭后，再喝一点粗茶。

作为早上的饮品，我推荐的粗茶是"梅酱粗茶"。首先在茶碗中加入梅干一个、姜汁1～2滴、酱油1～2勺，然后倒入煮好的粗茶。在一些食品店，可以购买到现成浓缩版的梅酱粗茶，如果觉得早上榨姜汁麻烦的话购买这种即可。

早上的餐厅是精神之源

在公司上班的时候，我都是早上起来，5点后离家，早上6

点左右到公司附近一家24小时营业的餐厅去学习。

相比住在市中心的人，很多工薪族要一大早去挤车。挤满人的列车里面，真可谓是充满了"负"能量。比如：

被挤来挤去，非常痛苦。

混乱的车内握不到扶手，但遇到汗臭的乘客完全不敢靠着，只能拼死站好。

讨厌那些大叔，所以坐到了女性专用车厢，但是却被高跟鞋踩了脚。

被人踩了脚，不但没收到道歉，人家还若无其事地嚼起了口香糖。

旁边女士背的包带金属环，把自己心爱的毛衣剐了。

如果焦急的一天这样开始，那么哪有精神投入工作中去？但是，要是一大早就出门，那时候电车还是空的，我们就可以读书看报，充分利用好时间。

很多人觉得电车没有按时间开动，因此将其视为自己迟到的理由，但无论如何这是自我时间管理出现了问题。电车稍微迟一会儿就迟到，这也说明自己安排不仔细。因为外因而扰乱自己早上的计划并不光彩，如今就应该立刻改变。

早起型的人中有人喜欢直接到公司学习，而我主要是学习有助于自己兴趣和未来发展的内容,而不是公司的事情,因此早餐店最为合适。此外,外企咨询公司里早起型的人很多,一个人想集中精力的话多有不便。

我们公司附近有两家24小时营业的餐厅,有一家我常去,但当这一家搞清扫的时候我就去另一家。

因为我都是吃过早餐之后才到这家餐厅,所以一般只点一些饮品,这样确实有失体统。不过,我有时也会点主菜,偶尔晚上或者想消遣的时候也会过去。因此,店员也都认识我,每次都会带我到我常坐的位置,然后再和我确认要些什么。

早上到这家餐厅的好处就是有空位。如果是大中午的话,你长时间坐在那里占座学习就会令人反感,但是早上很早的话基本没有关系。

此外,店里还有一些像我一样学习的人,也给了我坚持的勇气。这些人会在特定时间坐在特定的位置,感觉不知何时大家已成了无言之交。这种"早上的朋友"有时看不到,甚至还有些让人担心。

后来我从公司辞职,在市内租借了一间办公室。如果早上不跑步的话,我会每天6点半到办公室附近的咖啡店学习,直到

9点上班再离开。要是在家里办公的话,我还会将家附近的餐厅作为学习场所,到中午饭的时候我回家吃饭。

  我介绍了很多我自己学习和生活的方式。我希望大家也能找到适合自己的方法,平衡好工作和生活的关系。

后记

人生苦短，不容虚度

从31岁被诊断为疑似乳腺癌开始，我就决心尽可能减少虚耗时间，让自己的人生不断充实。当时，我正打算半年后在夏威夷举办婚礼。后来，虽然确诊无病，但此事让我开始深度思考自己的人生。

我们并不知道何时死去，但是在去世之前，我并不想因为这个事没做而悔恨，那个事没做而苦恼，而是要带着满足离开。

想到这里，我就更加坚定了我早上4点起床的信念。这种想法看起来像是有点"一根筋"，有悖于工作和生活的协调，但结果却恰恰促进了工作和生活的平衡。

我经历了两次高考失意,心情糟糕至极。当时我19岁,对早起还没有任何概念,只是讨厌自己,觉得"这样下去不行",并产生了一种强烈的自卑心,总觉得自己"不能输给那些华丽的女孩子"。

如果长期被这种负面情绪牵引,我的世界将到处是不满,自己也将什么都不想干,最终破罐子破摔一事无成。也就是说,这样的话我只能放大自己的无能,每日念叨着世事的不公,终日毫无所成。

然而,正是得益于坚持早上4点起床,负面的东西逐渐都变得积极起来,我的人生也发生了巨大变化。

不知道大家想不想通过坚持早上4点起,让自己的人生更加充实,让自己的理想早日实现呢?

如果本书能够帮到大家,我将不胜欣喜。

池田千惠

2009年7月

在喧嚣的世界里，
坚持以匠人心态认认真真打磨每一本书，
坚持为读者提供
有用、有趣、有品位、有价值的阅读。
愿我们在阅读中相知相遇，在阅读中成长蜕变！

好读，只为优质阅读。

早起的力量

策　　划：好读文化	责任编辑：徐　鹏
监　　制：姚常伟	内文制作：尚春苓
产品经理：姜晴川	装帧设计：仙　境
特约编辑：侯季初	

图书在版编目（CIP）数据

早起的力量 /（日）池田千惠著；范宏涛，李萌译
. —北京：北京联合出版公司，2022.7
ISBN 978-7-5596-5999-6

Ⅰ.①早… Ⅱ.①池… ②范… ③李… Ⅲ.①成功心理—通俗读物 Ⅳ.①B848.4-49

中国版本图书馆CIP数据核字（2022）第035333号

北京市版权局著作权合同登记　图字：01-2022-0966

"ASA 4JIOKI" DE, SUBETEGA UMAKU MAWARIDASU!
© 2009 Chie Ikeda
All Rights Reserved.
Original Japanese edition published by MAGAZINE HOUSE Co., Ltd., Tokyo
This Simplified Chinese edition published by arrangement with MAGAZINE HOUSE Co.,Ltd., Tokyo through Tuttle-Mori Agency, Inc., Tokyo through Pace Agency, Jiangsu Province

早起的力量

作　　者：[日]池田千惠
译　　者：范宏涛　李　萌
出 品 人：赵红仕
责任编辑：徐　鹏
装帧设计：仙　境

北京联合出版公司出版
（北京市西城区德外大街83号楼9层　100088）
三河市中晟雅豪印务有限公司印刷　新华书店经销
字数91千字　880毫米×1230毫米　1/32　5.5印张
2022年7月第1版　2022年7月第1次印刷
ISBN 978-7-5596-5999-6
定价：49.50元

版权所有，侵权必究
未经许可，不得以任何方式复制或抄袭本书部分或全部内容
本书若有质量问题，请与本公司图书销售中心联系调换。电话：(010) 82069336